plurall

D1679728

Parabéns!
Agora você faz parte do **Plurall**, a plataforma digital do seu livro didático!
Acesse e conheça todos os recursos e funcionalidades disponíveis para as suas aulas digitais.

Baixe o aplicativo do **Plurall** para Android e IOS ou acesse **www.plurall.net** e cadastre-se utilizando o seu código de acesso exclusivo:

AAADZHVYM

Este é o seu código de acesso Plurall.
Cadastre-se e ative-o para ter acesso aos conteúdos relacionados a esta obra.

 @plurallnet

 @plurallnetoficial

SOMOS EDUCAÇÃO

665

8282981 - Projeto Ápis - Ciências - 4º ano - 4a edição - Mercado 2021 - 721246 - Aluno - 8268922

Projeto

Ápis

ROGÉRIO G. NIGRO

Doutor em Ensino de Ciências e Matemática pela Faculdade de Educação da Universidade de São Paulo (USP).
Mestre em Biologia pelo Instituto de Biociências da USP.
Pesquisador em ensino e aprendizagem de Ciências.
Ex-professor dos Ensinos Fundamental e Médio na rede particular.
Assessor de escolas dos Ensinos Fundamental e Médio na rede particular.

CIÊNCIAS

4º ANO

Ensino Fundamental

editora ática

editora ática

Presidência: Mario Ghio Júnior

Direção editorial: Lidiane Vivaldini Olo

Gerência editorial: Viviane Carpegiani

Gestão de área: Tatiany Renó

Edição: Luciana Nicoleti (coord.), Ana Carolina Suzuki Dias Cintra e Laura Alves de Paula

Planejamento e controle de produção: Flávio Matuguma, Juliana Batista, Felipe Nogueira e Juliana Gonçalves

Revisão: Kátia Scaff Marques (coord.), Brenda T. M. Morais, Claudia Virgilio, Daniela Lima, Malvina Tomáz e Ricardo Miyake

Arte: André Gomes Vitale (ger.), Catherine Saori Ishihara (coord.), Fernando Afonso do Carmo (edição de arte)

Iconografia e tratamento de imagem: Claudia Bertolazzi e Denise Durand Kremer (coord.), Fernanda Gomes (pesquisa iconográfica), Fernanda Crevin (tratamento de imagens)

Licenciamento de conteúdos de terceiros: Roberta Bento (gerente), Jenis Oh (coord.), Liliane Rodrigues, Flávia Zambon e Raísa Maris Reina (analistas de licenciamento)

Ilustrações: Beatriz Mayumi, Cláudio Chiyo, Giz de Cera, Hagaquezart Estúdio, Ideário Lab, Paulo Manzi, Quanta Estúdio, Tiago Leme

Design: Talita Guedes da Silva (proj. gráfico e capa)

Ilustração de capa: Barlavento Estúdio **Logotipo:** Saulo Dorico

Dados Internacionais de Catalogação na Publicação (CIP)

```
Nigro, Rogério G.
    Projeto Ápis : Ciências : 1º ao 5º ano / Rogério G.
Nigro. -- 4. ed. -- São Paulo : Ática, 2020.
    (Projeto Ápis ; vol. 1 ao 5)


Bibliografia


    1. Ciências (Ensino fundamental) Anos iniciais I. Título
II. Série

20-1157                                    CDD 372.835
```

Angélica Ilacqua - Bibliotecária - CRB-8/7057

2023
Código da obra CL 750402
CAE 721246 (AL) / 721244 (PR)
ISBN 9788508195442 (AL)
ISBN 9788508195459 (PR)
4ª edição
4ª impressão
De acordo com a BNCC.

Impressão e acabamento: Vox Gráfica

Uma publicação  **SOMOS** EDUCAÇÃO

Apresentação

Espécies em risco eminente
Água contaminada, nem por acidente
Consumo: só se for bem ciente
Neste 4º ano, manipulo variáveis
Julgo criticamente
Faço escolhas pensando no ambiente
Não preciso de instrumentos potentes
Só da luz do Sol, da sombra e de uma análise inteligente
Um norte posso inferir bem à minha frente
Afinal o mundo depende das escolhas que faço
Por isso é importante ser consciente
Quero preservar as espécies
Não vou esgotar os recursos terrestres

O autor.

Conheça seu livro

Veja a seguir como o seu livro de Ciências está organizado. Depois, com um colega, folheie o livro e descubra tudo o que está apresentado nestas páginas.

Unidades

Este livro é dividido em quatro unidades. No início de cada uma delas há uma imagem sobre o assunto a ser estudado.

Atividade prática

Aqui você põe em prática a atividade proposta e se diverte com os colegas.

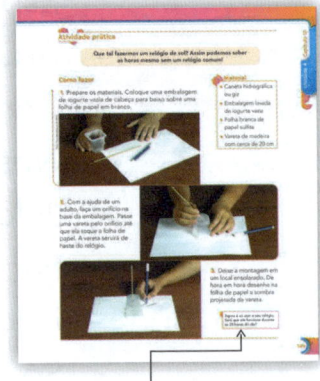

Este **bilhete** sempre traz um recado especial para você.

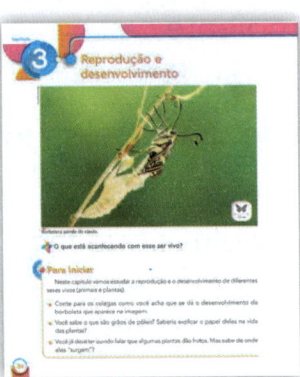

Capítulos

São 10 capítulos no total. Cada um deles é como uma história, com início, desenvolvimento e finalização, na forma de atividades.

Para iniciar

Aqui você e os colegas conversam sobre o que vão estudar e podem dar opiniões sobre os temas. Queremos ouvir o que vocês têm a dizer!

Assim também aprendo

Que tal aprender um pouco mais com jogos e atividades divertidas? Esse é o objetivo desta seção.

Com a palavra...

Entrevistas com diferentes profissionais farão você perceber que o conhecimento também pode ser adquirido além dos livros.

Vocabulário: para facilitar a compreensão dos textos, o significado de algumas palavras será apresentado na própria página.

Se aparecer uma palavra ou expressão com fundo laranja, consulte o Glossário no fim do livro.

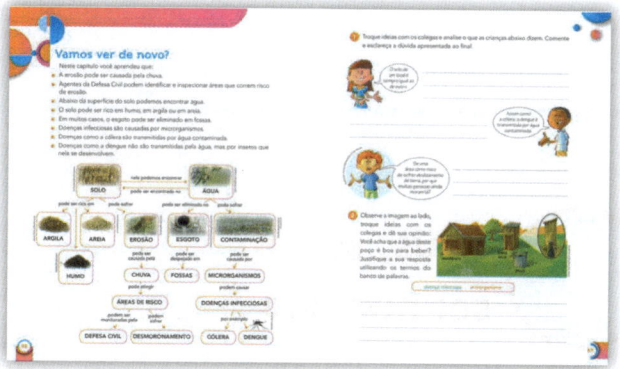

Vamos ver de novo?

Aqui você retoma o que foi estudado no capítulo por meio de textos, esquemas e atividades.

Tecendo saberes

Nesta seção você verá como tudo o que aprendeu poderá ajudar no estudo de outras áreas do conhecimento.

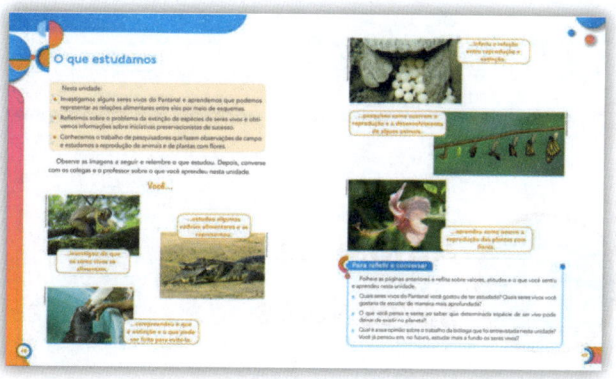

O que estudamos

Aqui você confere o que estudou relembrando os temas trabalhados nos capítulos da unidade. Este é o momento de refletir sobre o que aprendeu e sobre a forma de agir, pensar e sentir no dia a dia.

Material complementar

Acompanha o livro do aluno:

Caderno de atividades

Ápis divertido

Ciências e Linguagem

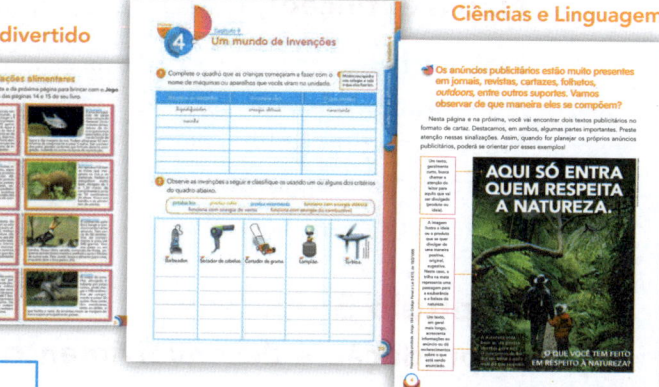

Ápis divertido

Caderno de figuras destacáveis para você realizar atividades do livro e de jogos que exploram os temas estudados.

Caderno de atividades

Com este caderno você vai praticar o que aprendeu em cada capítulo estudado.

Ciências e Linguagem

Caderno de atividades que incentivam você a ler e a escrever e ajudam a rever os conceitos estudados durante o ano.

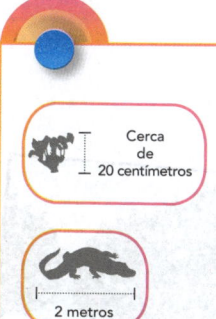

Cerca de 20 centímetros

2 metros

Sempre que possível, o tamanho aproximado de alguns seres vivos será indicado por símbolos. Quando a medida for apresentada por uma barra vertical, significa que ela é referente à altura. Quando for representada por uma barra horizontal, significa que se refere ao comprimento.

ÍCONES

ATIVIDADE EM GRUPO

ATIVIDADE EM DUPLA

ATIVIDADE NO CADERNO

ATIVIDADE ORAL

MURAL DA TURMA

Sumário

Hagaquezart Estúdio/Arquivo da editora

1 Ambiente e seres vivos

SERES VIVOS

ONÇA-PINTADA

- Que seres vivos você identifica nesta imagem? Você sabe do que eles se alimentam?

- Será que algum dos seres vivos representados está ameaçado de extinção?

- O que você sabe sobre a reprodução e o desenvolvimento dos seres vivos representados?

Cadeias alimentares

Jacaré-do-pantanal e peixe acari no Parque Nacional Matogrossense do Pantanal.

 Do que esses animais se alimentam?

Para iniciar

Neste capítulo vamos estudar hábitos alimentares, o que são cadeias alimentares e como representá-las por meio de esquemas.

- Você conhece o Pantanal? Faça uma lista dos animais que você acha que podem ser encontrados nesse ambiente, indicando do que se alimentam.

- Como você imagina que os cientistas fazem para saber quais são os hábitos alimentares de um animal?

- No caderno, faça um ou mais esquemas para representar as relações alimentares entre os seguintes seres vivos: ser humano, frango e milho.

Atividade prática

Você sabe do que os animais se alimentam?

Como fazer

1. Escolha um ser vivo para você observar: um peixe, um cão, um gato, um pássaro, etc.

Valentina Proskurina/Shutterstock

Fernando Favoretto/Criar Imagem

2. Crie uma "caderneta de campo": um bloco de notas no qual você fará as anotações daquilo que observar.

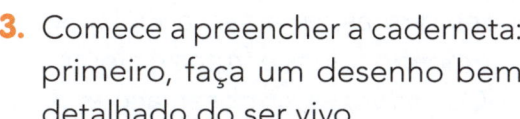

Fernando Favoretto/Criar Imagem

3. Comece a preencher a caderneta: primeiro, faça um desenho bem detalhado do ser vivo.

Fernando Favoretto/Criar Imagem

4. Faça as observações em diferentes horários e anote tudo o que observar. Não se esqueça de indicar a data e o horário da sua observação.

O que os animais comem?

> **Você sabe do que os animais se alimentam?**

Existem animais que comem principalmente plantas e existem aqueles que se alimentam de outros animais. Alguns seres vivos, porém, podem ter uma dieta variada, incluindo vegetais e carne de animais.

Leia a entrevista a seguir e fique sabendo como os cientistas fazem para estudar os hábitos alimentares dos animais a partir da observação.

Com a palavra...

> Elementos representados em tamanhos não proporcionais entre si.

Alex Ribeiro/Acervo do fotógrafo

... a bióloga Patricia Izar.

Como é o seu trabalho?

Eu observo macacos-prego na Mata Atlântica. Durante o dia vou seguindo os macacos e anotando o que observo.

De que maneira você observa animais na natureza?

Após localizar os animais, o importante é não assustá-los, manter uma boa distância e evitar encará-los. Uma vez que o animal aceita a sua presença, dizemos que ocorreu a "habituação". Isso às vezes pode demorar muito tempo.

Que observações você faz?

Fazemos observações diretas, que são aquelas em que vemos os animais comendo folhas e frutos e algumas fêmeas amamentando. Outras vezes, as observações são indiretas, quando percebemos sinais de que os macacos mexeram nas plantas e arrancaram algumas de suas partes, notamos restos de frutos caídos e observamos restos de sementes nas fezes dos animais.

O que você já descobriu sobre os hábitos alimentares dos macacos-prego?

Os macacos-prego têm uma dieta bastante variada. Eles comem frutos, flores, insetos, pequenas aves, esquilos, rãs, ovos, etc.

E quem caça os macacos-prego?

Os macacos-prego podem ser presas de gaviões, onças e serpentes.

Fabio Colombini/Acervo do fotógrafo

Macaco-prego alimentando-se sobre galho de árvore.

cerca de 40 cm (sem contar a cauda)

1 Ajude as crianças a terminar de explicar o que aprenderam com a entrevista da bióloga.

Em uma *observação*
direta você vê, por exemplo,
_____

"Habituação" significa
_____
_____

Em uma *observação*
indireta você vê, por exemplo,
_____
_____
_____

2 Troque ideias com os colegas: O que chamou a sua atenção no trabalho da bióloga? Você gostaria de, um dia, fazer um trabalho parecido com o dessa pesquisadora?

3 Ajude a terminar o esquema que começou a ser feito.

Macacos-prego

podem comer, por exemplo,

_____   _____   _____   _____

Giz de Cera/Arquivo da editora

Assim também aprendo

Vamos explorar os hábitos alimentares dos seres vivos com o **Jogo das relações alimentares**?

- A definição das palavras destacadas está no glossário, página 164.

Como jogar

- No **Ápis divertido** você encontra cartas com fotografias e informações sobre alguns animais que vivem no Pantanal. Destaque as cartas para começar a jogar.

- Fique atento às informações sobre os hábitos alimentares do ser vivo em cada carta.

- Os jogadores recebem algumas dessas cartas. As demais ficam em um monte.

Tuiuiú
É a ave-símbolo do Pantanal. Com as asas abertas, os tuiuiús ultrapassam 2 metros de envergadura (da ponta de uma asa até a ponta da outra asa). têm o corpo branco e as pernas escuras, bem como o bico, a cabeça e o pescoço, que termina em uma faixa vermelha. Vivem às margens de grandes rios, lagos e pântanos. Alimentam-se principalmente de peixes.

nwdph/Shutterstock

Curimbatá
É uma das espécies de peixe mais comuns do Pantanal. Os curimbatás alimentam-se de microrganismos associados à lama do fundo de lagos e das margens de rios. Podem ultrapassar 60 centímetros de comprimento e pesar 5 quilos. São conhecidos pelos grandes cardumes que formam durante a migração, nadando rio acima na época de reprodução.

Vinicius Bacarin/Shutterstock

Tamanduá-bandeira
Os tamanduás-bandeira têm o pelo cinza-escuro com uma listra branca que se estende do pescoço até as costas e medem cerca de 2 metros de comprimento, incluindo a cauda. Suas patas apresentam cinco longas garras, muito úteis para abrir formigueiros e cupinzeiros. Têm focinho e língua bem alongados, o que os ajuda a recolher algumas espécies de formiga e principalmente de cupim, que são a base de sua alimentação.

Joe McDonald/Shutterstock

Elementos representados em tamanhos não proporcionais entre si.

Elementos representados em tamanhos não proporcionais entre si.

- O primeiro a jogar lança uma carta de um animal que se alimenta de plantas. O jogador seguinte deve lançar uma carta de um animal que se alimenta do ser vivo descartado na mesa.

- Se o jogador não tiver uma carta adequada, deve comprar do monte de cartas não distribuídas. Se, ainda assim, não conseguir uma carta adequada, aguardará a próxima rodada para jogar.

- Ganha quem conseguir acabar com suas cartas primeiro.

Capivara
As capivaras habitam as matas que margeiam os rios e os pantanais. Nadam e mergulham muito bem. Atingem de 1 a 1,30 metro de comprimento e cerca de 50 centímetros de altura. Vivem em bandos e se alimentam de plantas.

Johannes Compaan/E+/Getty Images

Onça-pintada
As onças-pintadas vivem em matas, especialmente nas proximidades de rios. Alimentam-se de porcos-do-mato, aves, peixes, antas, capivaras, etc. São grandes predadoras e saem sozinhas para caçar suas presas, geralmente à noite. O corpo das onças-pintadas pode atingir mais de 2 metros de comprimento, incluindo a cauda.

Alexander David/iStockphoto/Getty Images

Jacarés-do-pantanal
Os jacarés-do-pantanal têm o corpo coberto por duras escamas e uma boca grande com dentes pontudos. Estão adaptados à vida na terra e na água: seus olhos e suas narinas localizam-se em porções altas da cabeça, de forma que podem ficar fora da água enquanto o restante do corpo está submerso. Podem medir mais de 2 metros de comprimento e entre suas presas estão peixes, aves e sapos.

Vieira Fabiano/Shutterstock

Relações alimentares

Você sabe o que é uma cadeia alimentar?

Os seres vivos, ao se alimentar e ao servir de alimento para outros seres vivos, formam as **cadeias alimentares**. Observe o esquema abaixo.

| Aguapé | → | Pacu | → | Jacaré |

cerca de 20 cm

70 cm

2 m

Elementos representados em tamanhos não proporcionais entre si.

Repare que:

1. O primeiro ser vivo da cadeia alimentar representada é o aguapé, uma planta. De fato, os seres vivos iniciais da maioria das cadeias alimentares são as plantas. Elas são consideradas seres **produtores**, pois produzem alimento em um processo no qual utilizam, entre outras coisas, a energia da luz do Sol.

2. Em seguida, há o pacu, que se alimenta do aguapé. E depois o o jacaré, que pode se alimentar do pacu. Em uma cadeia alimentar, os seres vivos que se alimentam de outros seres vivos são chamados **consumidores**. Consumidores que se alimentam de produtores são chamados de consumidores primários (como o pacu). Já o jacaré, ao comer o pacu, é considerado um consumidor secundário.

Atente ao sentido das setas nos esquemas apresentados neste capítulo. Veja que as setas partem dos produtores. Isso porque elas representam o sentido em que caminham os recursos fornecidos pelos alimentos nas cadeias alimentares.

O último elo das cadeias alimentares é ocupado pelos seres vivos **decompositores** (como fungos e bactérias). Com a decomposição realizada por eles, os recursos materiais que estavam incorporados aos seres vivos são "retirados" do corpo deles e ficam disponíveis entre os elementos não vivos do ambiente.

1 Observe as imagens dos seres vivos abaixo e faça o que se pede.

- Complete os esquemas de cadeias alimentares formadas pelos grupos de seres vivos.

- Nos esquemas, circule de **vermelho** os produtores e de **azul** os consumidores.

- Para cada esquema de cadeia alimentar, escreva uma frase que descreva a relação alimentar que ela apresenta.

◖ Elementos representados em tamanhos não proporcionais entre si.

a)

Orelha-de-onça (planta aquática).   Piraputanga.   Tuiuiú.

b)

Capim.   Capivara.   Jacaré.

2 Leia as anotações de um pesquisador que estudou as capivaras no Pantanal. Depois, faça o que se pede.

Giz de Cera/Arquivo da editora

elleon/Shutterstock

> **23 de junho**
>
> 6 h: encontrei o grupo de capivaras no rio, banhando-se; eram oito adultas e três filhotes.
> 9 h: o grupo ficou se alimentando de capim e de plantas aquáticas das 7 h às 9 h.

> **30 de junho**
>
> 7 h: o grupo chegou ao rio, mas um dos filhotes não apareceu.
> 16 h: as capivaras foram para a outra margem do rio e se alimentaram de capim.

> **1º de julho**
>
> 9 h: encontrei uma carcaça de filhote de capivara, próximo à margem do rio. Ao lado da carcaça havia pegadas de onça.
> Capim → Capivara → Onça.

a) O que representa o esquema feito na caderneta no dia 1º de julho?

_____

_____

b) Preencha o quadro listando os seres vivos citados pelo pesquisador.

Produtores	
Consumidores	

c) Troque ideias com os colegas e responda: O que aconteceu com o filhote que não apareceu com o grupo no dia 30 de junho?

3 Explore a imagem do **Parque temático cadeia alimentar**, comparando-a com o que você estudou.

Elementos representados em tamanhos não proporcionais entre si.

Agora, troque ideias com os colegas e responda:

a) Na ilustração acima, as pessoas representam recursos materiais e circulam pelas estações. Por quais estações os recursos materiais passam?

_____

_____

_____

_____

b) Escreva no caderno exemplos de outros seres vivos que poderiam ser encontrados em cada uma das estações.

c) Observe as setas na ilustração. Pensando em uma cadeia alimentar em um ambiente natural, elas indicam as direções possíveis dos recursos materiais. Por que muitas apontam para a estação dos decompositores?

Vamos ver de novo?

Neste capítulo você aprendeu que:

- No Pantanal podem ser encontrados seres vivos como tuiuiús, jacarés, tamanduás, onças, capivaras, aguapés, orelhas-de-onça, etc.

- Cientistas podem descobrir os hábitos alimentares dos seres vivos por meio de observações diretas e indiretas.

- **Cadeias alimentares** são compostas de **produtores**, **consumidores** e **decompositores**.

- Em um esquema de cadeia alimentar as setas partem dos produtores, indicando o "caminho" dos recursos fornecidos pelo alimento.

- Os recursos materiais circulam pelas cadeias alimentares.

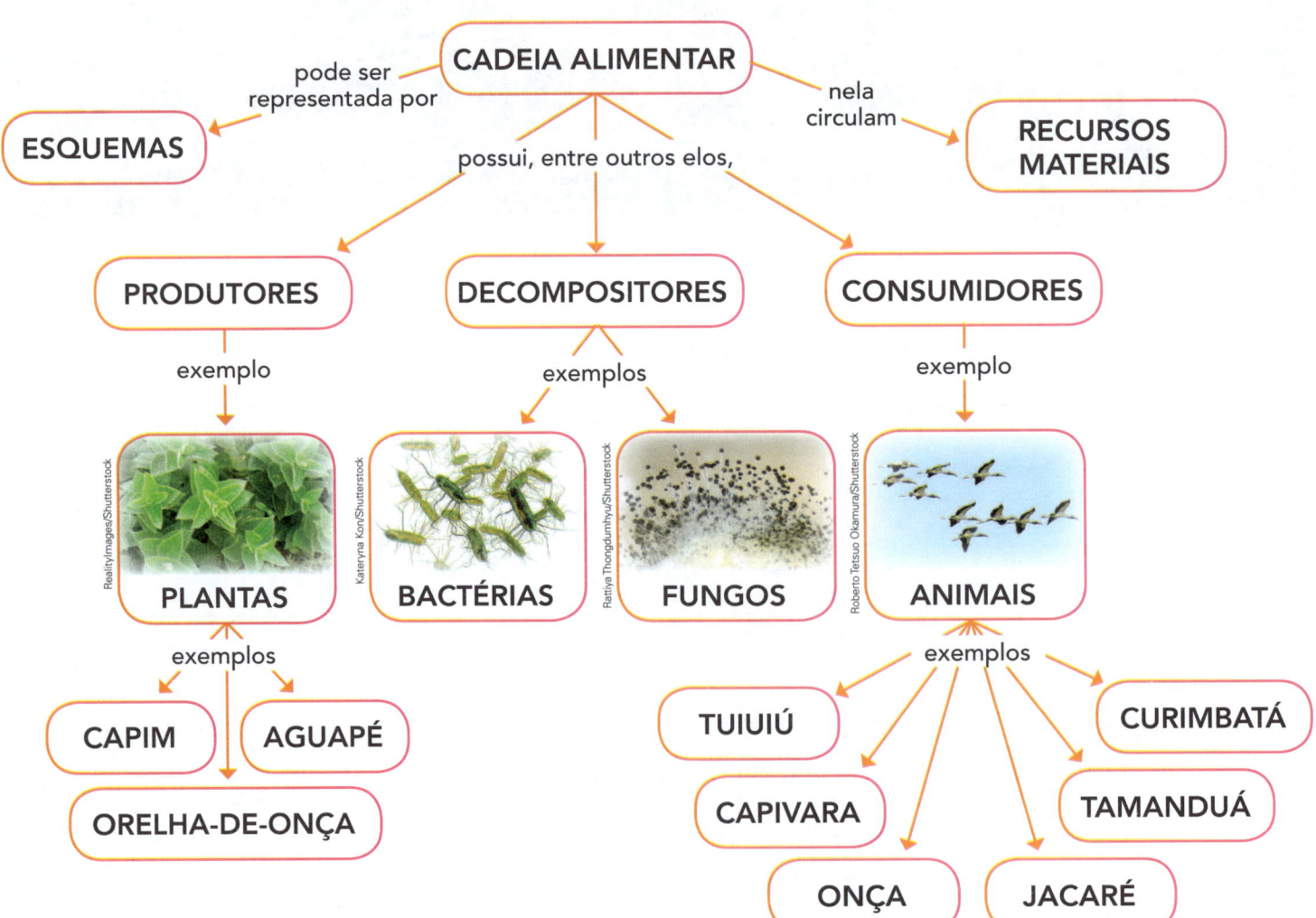

1 Que animais você estudou neste capítulo? Do que eles se alimentam? No caderno, complemente a lista que você começou a fazer na seção **Para iniciar**.

2 Compare os esquemas feitos por duas crianças. Qual deles representa de forma mais adequada o sentido em que circulam os recursos fornecidos pelos alimentos em uma cadeia alimentar? Explique sua resposta.

◀ Elementos representados em tamanhos não proporcionais entre si.

Planta.   Macaco.   Gavião.

Planta.   Macaco.   Gavião.

Ilustrações: Hagaquezart Estúdio/ Arquivo da editora

3 Complete o esquema das relações alimentares entre os seres vivos a seguir.

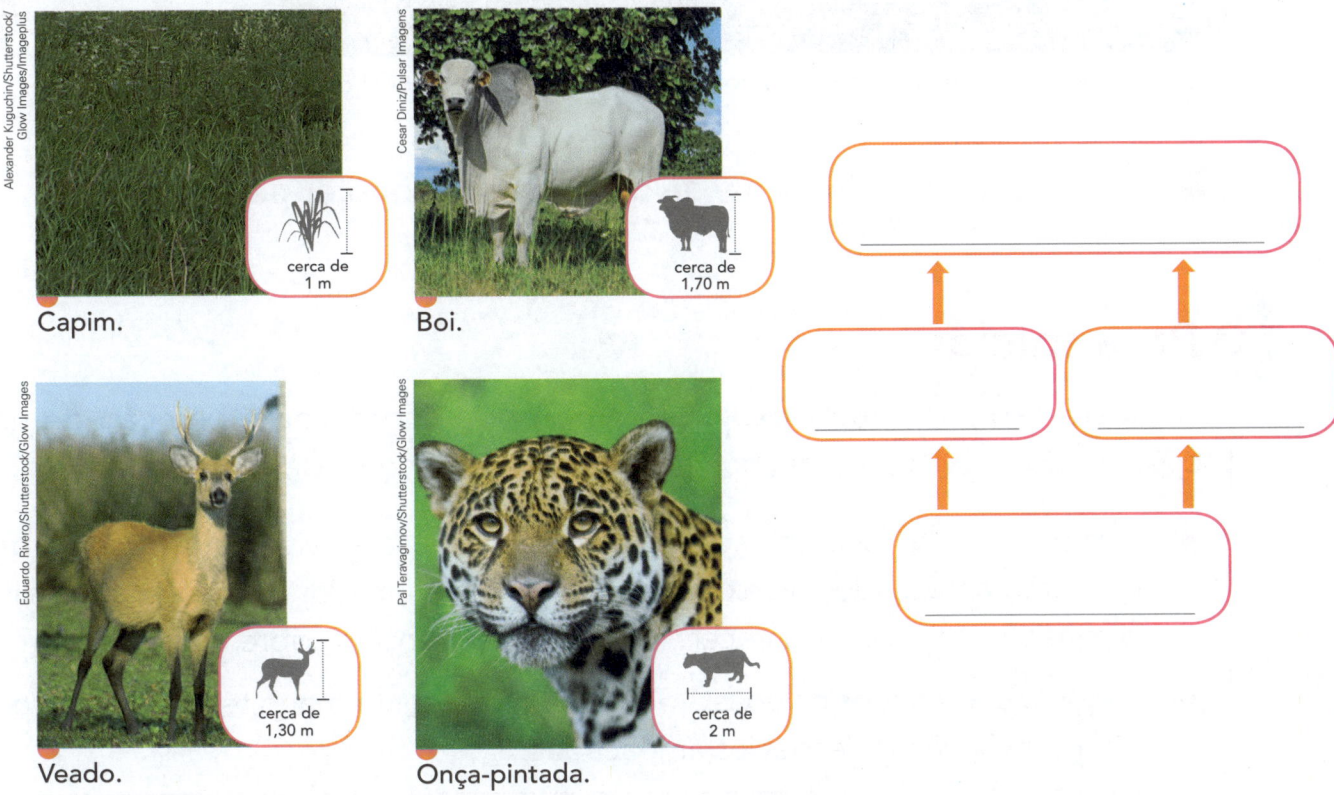

Capim. cerca de 1 m

Boi. cerca de 1,70 m

Veado. cerca de 1,30 m

Onça-pintada. cerca de 2 m

Alexander Kuguchin/Shutterstock/ Glow Images/Imageplus

Cesar Diniz/Pulsar Imagens

Eduardo Rivero/Shutterstock/Glow Images

Pal Teravagimov/Shutterstock/Glow Images

2 Não à extinção!

A.PAES/Shutterstock

Filhote de peixe-boi sendo alimentado no aquário do Instituto Nacional de Pesquisas da Amazônia.

 Como uma espécie de ser vivo pode desaparecer para sempre?

Para iniciar

Neste capítulo vamos explorar como pode acontecer a extinção de uma espécie de ser vivo, animal ou vegetal, e como isso pode ser evitado.

- Com um colega, faça no caderno uma lista dos seres vivos que vocês sabem que estão ameaçados de extinção. Depois, reflitam: Por que esses seres vivos correm o risco de desaparecer? O que vocês pensam sobre esse assunto?

- Troque ideias com os colegas: Você acha que o ser humano tem feito algo para evitar a extinção de espécies ameaçadas?

Atividade prática

Vamos jogar o jogo "Risco de extinção"?

Material

- 1 dado numérico
- Feijões ou tampinhas de garrafa
- Peças de animais das páginas 7 e 9 do **Ápis divertido**

Como fazer

1. Você e os colegas podem confeccionar cartas com seres vivos ameaçados ou podem utilizar as peças de animais das páginas 7 e 9 do **Ápis divertido**.

2. Para jogar, vocês podem usar o tabuleiro que está na página 11 do **Ápis divertido**. Se quiserem, podem fazer um novo tabuleiro.

3. Em grupos com quatro alunos, comecem o jogo. Cada aluno recebe três cartas de um mesmo ser vivo ameaçado. Essa será a população inicial de cada espécie.

4. Cada jogador sorteia no dado quantos passos deve percorrer na trilha. Se cair em um passo claro, pega mais uma carta do ser vivo: assim aumentará a população. Se cair em um passo escuro, descarta uma carta: desse modo, diminuirá a população. Ganha quem chegar ao fim da trilha com a maior população.

Preservar é preciso!

Você já ouviu falar em extinção de seres vivos?

Você sabia que algumas espécies de plantas e animais correm o risco de desaparecer para sempre?

É isso o que chamamos de **extinção**. Extinguir significa desaparecer para sempre.

Há bastante tempo o ser humano tem contribuído para levar espécies de seres vivos à ameaça de extinção. O xaxim, o pau-brasil, o mico-leão-dourado, o peixe-boi e a tartaruga marinha são alguns exemplos de seres vivos ameaçados.

Mas o ser humano também pode ter um papel fundamental na preservação das espécies. O caso da arara-azul é um bom exemplo disso.

As araras-azuis estão ameaçadas de extinção porque são capturadas para o tráfico de animais e em razão da destruição do ambiente em que vivem.

Porém, o número de araras-azuis na natureza tem aumentado em virtude de algumas ações realizadas pelo ser humano, como:

- a divulgação da ameaça à espécie e a conscientização da população, que contribuem para a diminuição do tráfico;

- a criação de ninhos artificiais, em áreas ocupadas por araras-azuis, que contribui para que haja mais locais disponíveis para essas aves colocarem seus ovos e cuidarem de seus filhotes.

Assim, no começo dos anos 1990, quando essas ações começaram a ser feitas, existiam cerca de 1 500 araras-azuis na natureza. Hoje em dia, essa população tem mais de 5 mil indivíduos.

Christian Musat/Shutterstock

cerca de 1 m

Araras-azuis.

1 Complete as frases e responda à pergunta com as informações que você aprendeu sobre a arara-azul.

a) As araras-azuis estão ameaçadas de extinção porque o ser humano

_____

_____

_____

b) O ser humano contribui para preservar as araras-azuis quando _____

_____

_____

_____

c) Como a divulgação das ameaças que uma espécie enfrenta pode contribuir para a sua preservação?

_____

_____

2 Ajude a terminar o cartaz que alguns alunos começaram a fazer, alertando sobre a ameaça de extinção das araras-azuis.

> Pense e discuta com os colegas: Você teria uma arara-azul em sua casa?

NÃO RETIRE OS ANIMAIS DE SEU AMBIENTE NATURAL

Jeanna Draw/Shutterstoc

3 Leia os textos desta página e da seguinte e conheça duas espécies brasileiras ameaçadas de extinção.

Texto 1

Reserva nacional preserva espécie de macaco ameaçada de extinção

As expedições científicas do pesquisador brasileiro Maurício Talebi começam antes do Sol nascer, quando o céu ainda está escuro. Ele se junta a uma equipe de especialistas e adentra a mata da reserva Legado das Águas, no estado de São Paulo, à procura de vestígios deixados por macacos muriquis-do-sul [...]

Nos últimos 60 anos, a população de muriqui-do-sul caiu mais de 80%, em grande parte devido à caça predatória.

[...]

Em março de 2019, esses primatas foram para a categoria "criticamente em perigo" – a pior de todas da lista de bichos ameaçados da IUCN. O relatório da entidade alerta

Kevin Schafer/agefotostock/Alamy/Fotoarena

que os principais perigos que a espécie enfrenta são o tráfico ilegal de animais e o desmatamento.

Outro problema, segundo Talebi, é a falta de informações disponíveis sobre o macaco no país. "As crianças conhecem o gorila, o chimpanzé e a girafa, mas não sabem que temos nas nossas matas um animal tão bonito e carismático", ele comenta.

[...]

Os muriquis-do-sul têm um papel importante na Mata Atlântica. "Eles comem frutos e percorrem até cinco quilômetros dispersando sementes ao defecarem", informa Talebi. Como essas sementes originam árvores, os macacos são conhecidos como "jardineiros de florestas".

[...] os macacos ajudam a plantar florestas que protegem os mananciais de água potável que são responsáveis por abastecer cidades como Rio de Janeiro, São Paulo e Curitiba.

"Precisamos manter os muriquis vivos para que eles plantem árvores e para que essas árvores protejam a água potável que nós bebemos", afirma Talebi. [...]

CENTAMORI, Vanessa. Reserva nacional preserva espécie de macaco ameaçada de extinção. **Revista Galileu**. São Paulo, 15 nov. 2019. Disponível em: <https://revistagalileu.globo.com/Ciencia/Meio-Ambiente/noticia/2019/11/reserva-nacional-preserva-especie-de-macaco-ameacada-de-extincao.html>. Acesso em: 30 nov. 2019.

Giz de Ceral
Arquivo da editora

a) Que tal escrever no caderno um texto que resuma as informações que você leu no texto **1**?

Fruto da juçara é alternativa de renda no Litoral do Paraná

Nativa da Mata Atlântica, a palmeira juçara foi explorada durante décadas para a produção de palmito em conserva. Entretanto, a árvore morre ao ser cortada e uma muda leva pelo menos 10 anos para chegar à fase adulta. A derrubada desenfreada da palmeira fez com que ela entrasse na lista de espécies ameaçadas de extinção e desencadeasse desequilíbrios ecológicos, como a dificuldade de sobrevivência da jacutinga, ave que se alimenta do fruto da planta.

É justamente no fruto da juçara que produtores rurais do Paraná veem uma alternativa para obter lucro, contribuindo para a conservação da espécie. A polpa do fruto da palmeira é transformada em sobremesa com cor, sabor e composição semelhantes ao tradicional açaí amazônico, mas com ingredientes da Mata Atlântica.

Frutos da palmeira juçara.

[...]

"A juçara é uma espécie ameaçada de extinção e o seu corte para a extração do palmito é proibido por lei. Por isso, encontrar novas formas de gerar renda a partir da planta valoriza a espécie para que os produtores sigam cultivando-a, preservando-a e fortalecendo os ecossistemas onde ela é encontrada", destaca o coordenador de Negócios e Biodiversidade da Fundação Grupo Boticário de Proteção à Natureza, Guilherme Karam. Na retirada da polpa, sobram as sementes, que podem voltar para a mata gerando novas palmeiras.

[...]

"Queremos mostrar que desenvolvimento econômico e conservação da natureza conseguem andar lado a lado, gerando benefícios para o meio ambiente e para a comunidade local. É o chamado 'negócio de impacto' que gera resultados financeiros positivos de forma sustentável e ainda protege e valoriza o patrimônio natural", destaca Karam.

CORREIO do litoral. Paraná, 3 nov. 2019. Disponível em: <https://www.correiodolitoral.com/24150/fruto-da-jucara-e-alternativa-de-renda-no-litoral-do-parana/>. Acesso em: 30 nov. 2019.

 b) Que tal escrever no caderno um texto que resuma as informações que você leu no texto **2**?

Reprodução e extinção

O que acontece com um filhote de tartaruga que acabou de sair do ovo?

www.fotoarena.com.br

cerca de 10 cm

Filhote de tartaruga saindo do ovo.

Desde que nascem, os filhotes de tartaruga vivem por conta própria. E eles enfrentam muitas situações difíceis. Além de precisar encontrar alimento, eles têm de escapar de predadores, como aves, caranguejos, polvos e diversos peixes.

Estima-se que, de cada mil tartarugas que saem dos ovos, no máximo duas cheguem à idade adulta. Se muitas tartarugas adultas forem caçadas, ou ficarem presas em redes de pesca, poucos ovos serão botados. Consequentemente, diminuirá a chance de haver tartarugas adultas no futuro.

Ou seja, quanto menor o **sucesso reprodutivo**, maior o risco de extinção!

Uma maneira de o ser humano contribuir para a preservação das espécies ameaçadas de extinção é promovendo o sucesso reprodutivo delas. No caso das tartarugas marinhas, por exemplo, em 1980 foi criado no Brasil o Projeto Tamar. Além de divulgar as ameaças que as tartarugas marinhas enfrentam, o Projeto Tamar favorece diretamente a reprodução delas – por meio do cuidado dos ninhos de ovos e da preservação das áreas em que as tartarugas desovam.

Matheus Britto/Prefeitura Municipal do Jaboatão dos Guararapes - PE.

Técnicos do Projeto Tamar monitorando filhotes de tartarugas recém-nascidos.

Elementos representados em tamanhos não proporcionais entre si.

Projeto Tamar/ABr

1 Veja o que esses alunos estão falando. O que eles dizem está correto? Explique sua resposta.

As tartarugas marinhas botam muitos ovos; portanto, terão muitos filhotes. Não é preciso se preocupar em preservá-las.

A caça de tartarugas marinhas não representa uma ameaça. Os oceanos são muito grandes, e sempre existirão tartarugas marinhas.

2 Analise o que aconteceria nas três situações abaixo e preencha o quadro com os resultados de suas contas. Releia o texto e considere que, em média, uma tartaruga marinha põe 130 ovos a cada desova.

		Quantos ovos, aproximadamente, foram postos?	Quantos filhotes devem ter chegado à idade adulta?
Situação 1	Em determinado ano, 100 tartarugas puseram ovos em uma praia.		
Situação 2	Em determinado ano, muitas tartarugas foram caçadas durante a época da desova e somente 10 tartarugas conseguiram desovar na praia.		
Situação 3	Em determinado ano, a poluição de uma praia e o número de pessoas que a frequentavam aumentaram muito. Além disso, várias tartarugas ficaram presas em redes de pesca. No final, somente 2 tartarugas conseguiram desovar.		

3 Troque ideias com os colegas e responda: Em qual das três situações as tartarugas marinhas correm maior risco de desaparecer?

4 Leia, a seguir, fragmentos de texto que expõem o problema enfrentado pelas tartarugas marinhas, bem como as iniciativas de um projeto para preservá-las. Depois, indique uma sequência lógica de leitura, numerando os textos de 1 a 4.

Sugestão de...
Livro
Na praia e no luar, tartaruga quer o mar.
Ana Maria Machado. São Paulo: Ática, 2010.

Elementos representados em tamanhos não proporcionais entre si.

O Projeto Tamar tem criado bases de conservação em áreas-chave onde ocorrem as desovas de tartarugas marinhas. Além disso, são oferecidas alternativas de remuneração para os pescadores: por exemplo, contrato para acompanhar as desovas.

Tartaruga marinha adulta desovando em praia.

Antigamente, muitas tartarugas ficavam presas em redes de pesca, não conseguiam subir à superfície para respirar e acabavam morrendo afogadas. Atualmente, o trabalho de conscientização dos pescadores reduziu as mortes de tartarugas em redes de pesca.

Tartaruga marinha presa em rede de pesca.

Há poucas décadas, era comum as pessoas capturarem tartarugas. A carne e os ovos serviam de alimento. Os cascos eram usados para fazer diversos objetos, como bijuterias, por exemplo.

1,30 m

Tartaruga marinha em seu *habitat*.

Além da parceria com pescadores, uma das ações realizadas pelo Projeto Tamar é a transferência dos ovos para cercados, garantindo a sua proteção.

Fabio Colombini/Acervo do fotógrafo

Funcionários transferindo os ovos para dentro de cercados.

5 Complete o texto abaixo para resumir o que você aprendeu sobre o Projeto Tamar e o risco de extinção que as tartarugas marinhas enfrentam.

O Projeto Tamar foi criado para salvar as tartarugas marinhas da extinção

Vamos ver de novo?

Neste capítulo você aprendeu que:

- Alguns seres vivos estão ameaçados de **extinção**.

- Quanto menor o **sucesso reprodutivo**, maior o risco de extinção.

- Há iniciativas de ações preservacionistas específicas para evitar a extinção de alguns seres vivos, como araras-azuis, peixes-boi, xaxins e tartarugas marinhas.

SERES VIVOS

podem correr risco de

precisam ter

EXTINÇÃO

SUCESSO REPRODUTIVO

pode ser evitada por meio de

pode ser aumentado por meio de

AÇÕES PRESERVACIONISTAS

têm beneficiado, por exemplo,

MURIQUI-DO-SUL

jo Crebbin/Shutterstock

ARARA-AZUL

Ondrej Prosicky/Shutterstock

TARTARUGA MARINHA

blue-sea.cz/Shutterstock

PALMEIRA JUÇARA

NANCY AYUMI KUNIHIRO/Shutterstock

1 No caderno, faça as questões para a cruzadinha que já está resolvida. Procure deixar claro por que esses seres vivos estão ameaçados e o que tem sido feito para preservá-los.

Elementos representados em tamanhos não proporcionais entre si.

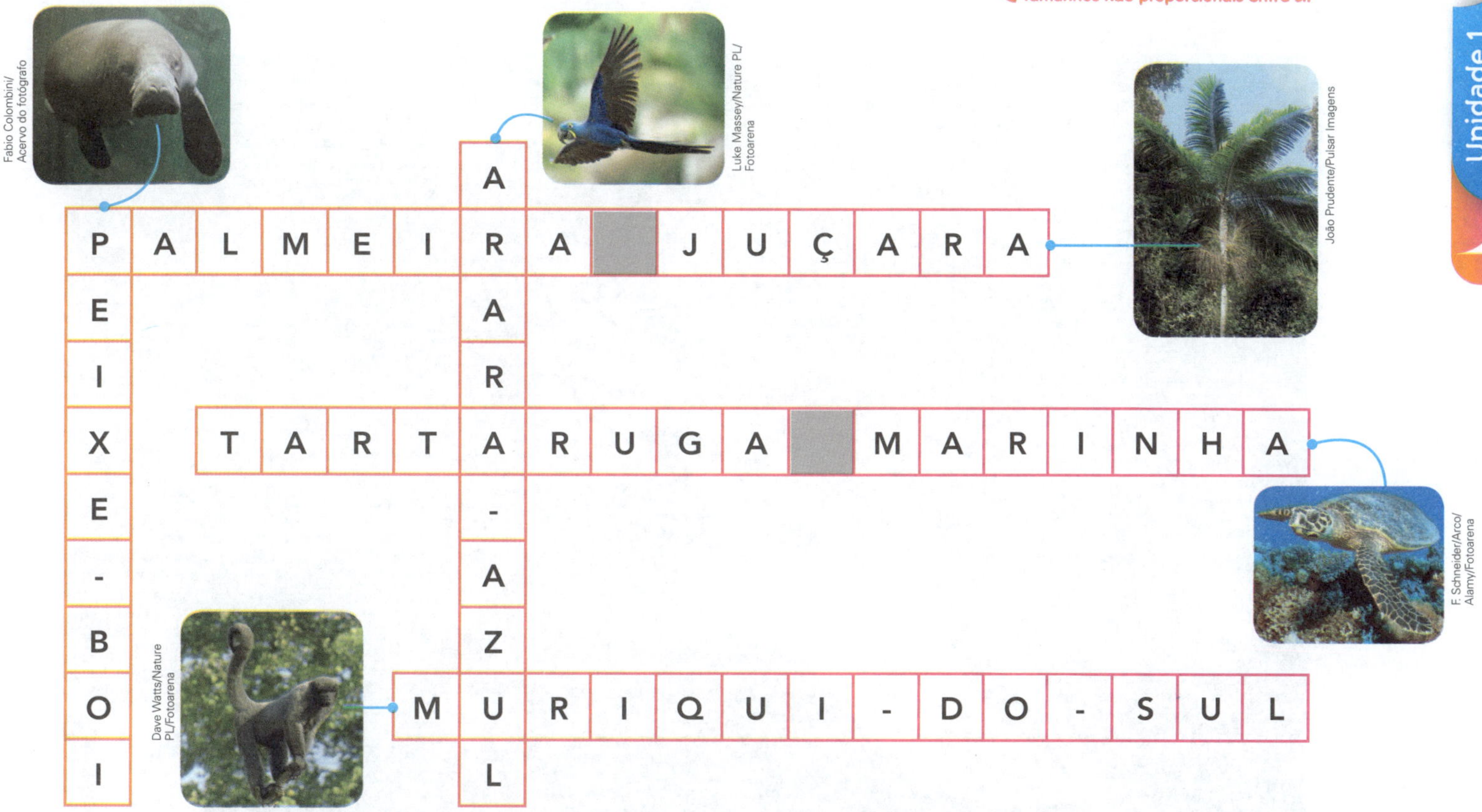

								A								
P	A	L	M	E	I	R	A		■	J	U	Ç	A	R	A	
E								A								
I								R								
X		T	A	R	T	A	R	U	G	A	■	M	A	R	I	N	H	A
E								-								
-								A								
B								Z								
O				M	U	R	I	Q	U	I	-	D	O	-	S	U	L
I								L								

2 Leia o texto abaixo e, depois, responda no caderno: Em qual das situações você acha que esse ser vivo está mais ameaçado de extinção? Explique sua resposta.

Sardinha-japonesa.

cerca de 15 cm

A sardinha-japonesa desova cerca de 10 mil ovos em cada **postura**. Como esses ovos ficam desprotegidos após a desova, a maior parte morre, principalmente por causa do ataque de predadores. Apenas 1 em cada 1 000 filhotes chega à vida adulta.

postura: ato de pôr ovos.

Situação 1
Se 20 fêmeas colocarem 200 000 ovos, quantos filhotes poderão chegar à idade adulta?

Situação 2
Se 2 fêmeas colocarem 20 000 ovos, quantos filhotes poderão chegar à idade adulta?

3 Reprodução e desenvolvimento

torook/Shutterstock

7,5 cm

Borboleta saindo do casulo.

 O que está acontecendo com esse ser vivo?

Para iniciar

Neste capítulo vamos estudar a reprodução e o desenvolvimento de diferentes seres vivos (animais e plantas).

- Conte para os colegas como você acha que se dá o desenvolvimento da borboleta que aparece na imagem.

- Você sabe o que são grãos de pólen? Saberia explicar o papel deles na vida das plantas?

- Você já deve ter ouvido falar que algumas plantas dão frutos. Mas sabe de onde eles "surgem"?

Atividade prática

Vamos descrever flores e frutos? Este é o primeiro passo para investigar a reprodução de algumas plantas.

Material
- Flor e fruto trazidos de casa
- Folhas de papel sulfite
- Lápis de cor ou giz de cera

Como fazer

1. Traga para a sala de aula uma flor e um fruto. Junte-se a colegas que trouxeram flores e frutos diferentes dos seus.

2. Observe atentamente as flores e os frutos trazidos pelo grupo. Procure prestar atenção em todos os detalhes: as diferentes partes que os compõem, o formato, as cores e as texturas.

3. Faça desenhos para descrever o que vocês observaram. Use setas para apontar as estruturas identificadas.

Fotos: Sérgio Dotta Jr./Arquivo da editora

semente

casca

folha

pétalas

Ilustrações: Mouses Sagiorato/ Arquivo da editora

4. Compartilhe seus desenhos com os colegas e, depois, cole-os no Mural da turma.

Atenção
Não manipule objetos cortantes durante a atividade. O professor vai cortar as frutas para possibilitar a observação do seu interior.

Reprodução dos animais

Você sabia que nem todos os filhotes são cuidados pelos pais?

Animais como os bichos-da-seda e as rãs não cuidam de seus filhotes. E, no caso desses dois animais, há algo curioso: ao nascer, os filhotes são bem diferentes dos adultos! Eles passam por uma transformação **radical** durante o seu desenvolvimento, chamada **metamorfose**.

● **radical:** completa, total.

Sue Robinson/Shutterstock

● Ovos de borboleta vistos através de lente de aumento.

◀ Elementos representados em tamanhos não proporcionais entre si.

iStockphoto/Getty Images

Montagem fotográfica do ciclo de vida de uma borboleta, de ovo a adulto, passando pelos estágios de larva e pupa (ou crisálida).

Saber que há diversidade de formas de **reprodução** e **desenvolvimento** é importante, pois, além de aprendermos mais sobre os seres vivos, adquirimos conhecimento que nos possibilita agir de modo a não ameaçar a sobrevivência deles.

Pense na sardinha, que é um peixe muito consumido pelo ser humano. Todos os anos, as fêmeas de sardinha desovam em dois períodos: no inverno e entre o fim da primavera e o início do verão.

Saber que as sardinhas se reproduzem em determinadas épocas é muito importante. Assim, podemos evitar que elas sejam pescadas nas épocas em que se reproduzem. O resultado é que mais ovos serão postos e a população de sardinhas poderá se manter.

1 Com um colega, façam uma pesquisa sobre a reprodução e o desenvolvimento de diferentes animais e preencha o quadro abaixo utilizando informações de suas pesquisas.

Resumo das pesquisas sobre reprodução e desenvolvimento de animais		
	Exemplos	Curiosidades que valem a pena citar
Animais que nascem de ovos		
Animais que se desenvolvem dentro da barriga da mãe		
Animais que cuidam dos filhotes		
Animais que não cuidam dos filhotes		
Animais que passam por metamorfose		

2 Veja as fichas de pesquisa sobre a reprodução e o desenvolvimento de animais que alguns alunos expuseram no Mural da turma.

Elementos representados em tamanhos não proporcionais entre si.

Salmão

O salmão nasce e vive o começo de sua vida em rios. Alguns meses depois, os jovens salmões nadam rumo ao mar, onde se desenvolvem até a idade adulta. Machos e fêmeas voltam ao rio para se reproduzirem.

60 cm

iStockphoto/Getty Images

Salmões saltam contra a correnteza do rio para desovar.

Ema

As emas vivem em grupos grandes, com vários indivíduos. Na época de reprodução formam grupos menores com um macho e até seis fêmeas. O macho cuida dos ovos postos pelas fêmeas. É ele quem choca os ovos e cuida dos filhotes.

FLPA/Easypix Brasil

1,0 m

Steiner, C/Easypix Brasil

Ema adulta e filhote.

Sapo, rã e perereca

Esses animais colocam ovos (A) dos quais **eclodem** girinos. Os girinos respiram por **brânquias** e não têm membros (B). Eles nadam livremente no local onde os ovos foram depositados. Após algumas semanas, começam a surgir membros: primeiro as pernas de trás, depois as da frente (C). Enquanto isso acontece, a cauda começa a diminuir (D). Essa transformação é chamada de metamorfose do girino. Por fim, eles já não têm cauda, possuem quatro membros e não têm mais brânquias (E).

● **eclodem:** nascem, surgem, aparecem.

A

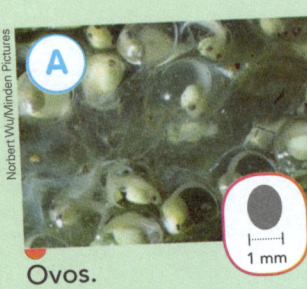

Norbert Wu/Minden Pictures

1 mm

Ovos.

B

Fotos: Fábio Colombini/Acervo do fotógrafo

Girino.

C

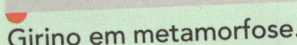

— cauda

Girino em metamorfose.

D

pernas

Girino em metamorfose.

E

15 cm

Sapo adulto.

Com os colegas, faça mais fichas de pesquisa com imagens e informações sobre a reprodução e o desenvolvimento de outros animais.

Elementos representados em tamanhos não proporcionais entre si.

Bicho-da-seda

O bicho-da-seda é uma mariposa. Quando saem do ovo, as jovens mariposas têm o aspecto de uma lagarta. A lagarta se desenvolve até o momento em que produz um fio de seda, com o qual constrói um casulo. É dentro dele que ocorre a metamorfose e, algum tempo depois, surge o adulto, que tem o corpo muito diferente do jovem. As mariposas não cuidam dos seus filhotes.

Lagarta.

5 cm

Casulo com pupa no seu interior.

3 cm

Mariposa adulta.

5 cm

Onça

A onça fêmea tem uma gestação de aproximadamente cem dias. O mais comum é dar à luz dois filhotes por vez. A fêmea se afasta dos machos no período em que cuida dos filhotes. Estes são amamentados até aproximadamente três meses e recebem todo o cuidado da mãe até terem de 1 a 2 anos de idade. É quando já conseguem caçar sozinhos e viver por conta própria.

2 m

Mamãe onça e seu filhote.

Minhoca

Pouco tempo depois que as minhocas acasalam, forma-se, em uma região de seus corpos, uma cápsula. À medida que a minhoca se move, essa cápsula desliza mais para a região anterior, até sair do corpo da minhoca. Dentro dessa cápsula existem vários ovos. Depois de um tempo, eclodem as pequenas minhocas que começam a explorar o mundo.

10 cm

Minhoca.

De flor a fruto

Você sabe como acontece a reprodução das plantas com flores?

Você já pesquisou a reprodução e o desenvolvimento de alguns animais. Que tal agora conhecer mais a fundo a reprodução e o desenvolvimento das plantas com flores?

Você sabia que uma flor pode ter partes femininas, masculinas ou até mesmo femininas e masculinas? Observe com atenção a flor retratada nas imagens.

Nas estruturas masculinas da flor são produzidos grãos de pólen. Estes podem chegar até as estruturas femininas sendo levados, por exemplo, pelo vento, ou presos no corpo de animais, como as abelhas.

O encontro dos grãos de pólen com as estruturas femininas da flor é fundamental para a reprodução de certas plantas. A partir daí, a flor entra em transformação: suas pétalas caem e, de algumas de suas partes femininas, começam a se desenvolver os frutos.

Os frutos contêm sementes com embriões de novas plantas. Em condições adequadas, essas sementes **germinam** e uma nova planta surge.

● **germinam:** começam a se desenvolver.

estrutura feminina

estrutura masculina

Sequência do desenvolvimento do fruto do maracujazeiro.

1 Observe as imagens das flores e a indicação de suas estruturas reprodutivas. Escreva nos quadrinhos a letra da imagem que corresponde à legenda mais adequada.

Elementos representados em tamanhos não proporcionais entre si.

A flor de hibisco possui as estruturas masculina e feminina.

Flor de abobrinha feminina.

Flor de abobrinha masculina.

2 Agora observe estas outras flores. Indique com setas **vermelhas** as estruturas masculinas e com setas **verdes** as femininas.

Flor de laranjeira.

Flor de lírio.

3 Ajude as crianças respondendo às dúvidas delas. Escreva as respostas no caderno.

O que as pessoas querem dizer quando falam que "as abelhas fazem o casamento das flores"?

Uma planta nem sempre está com frutos... Mas quando "aparecem", de onde é que eles surgem?

Mouses Sagiorato/Arquivo da editora

4 Indique a sequência correta das fotografias e complete as legendas com os termos do banco de palavras. ◀ Elementos representados em tamanhos não proporcionais entre si.

| feminina | grãos de pólen | fruto |
| pétalas | sementes | |

Panoramic Images/Getty Images

cerca de 1,5 cm

_____ podem ser transportados de uma flor para outra, pelo vento ou pelos animais.

Lida Van Den Heuvel/Foto Natura/Minden/Latinstock

O _____ continua a se desenvolver.

Nigel Cattlin/Photo Researchers/Latinstock

cerca de 10 cm

Algum tempo depois do contato com os grãos de pólen, as _____ murcham e caem. O fruto começa a se desenvolver a partir da parte _____ da flor.

Visions Botanical/Keystone

cerca de 20 cm

O _____ maduro. Dentro dele existem _____ com embriões que podem originar novas plantas.

5 As fotografias abaixo estão fora de ordem. Indique a sequência correta em que deveriam ser colocadas para revelar como se dá o amadurecimento de um fruto: a vagem do feijão.

Elementos representados em tamanhos não proporcionais entre si.

Fotos: Fabio Colombini/Acervo do fotógrafo

6 Observe as imagens de alguns frutos abertos. Indique com setas: a casca, a polpa e as sementes. Veja o exemplo.

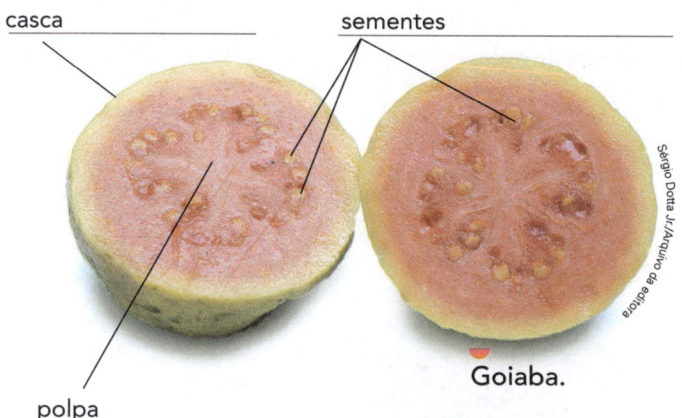

casca

sementes

polpa

Goiaba.

Sérgio Dotta Jr./Arquivo da editora

Vagem.

Oleh11/Shutterstock

Pêssego.

Sérgio Dotta Jr./Arquivo da editora

Melancia.

Sakdinon Kadchiangsaen/Shutterstock/Glow Images

Vamos ver de novo?

Neste capítulo você aprendeu que:

- A **reprodução** e o **desenvolvimento** dos seres vivos podem ser muito variados.

- Existem seres vivos que sofrem **metamorfose** durante o seu desenvolvimento.

- Na flor estão as **estruturas reprodutivas** de uma planta.

- Os frutos de uma planta desenvolvem-se a partir das flores.

- Dentro dos frutos pode haver sementes, que contêm os embriões de uma nova planta.

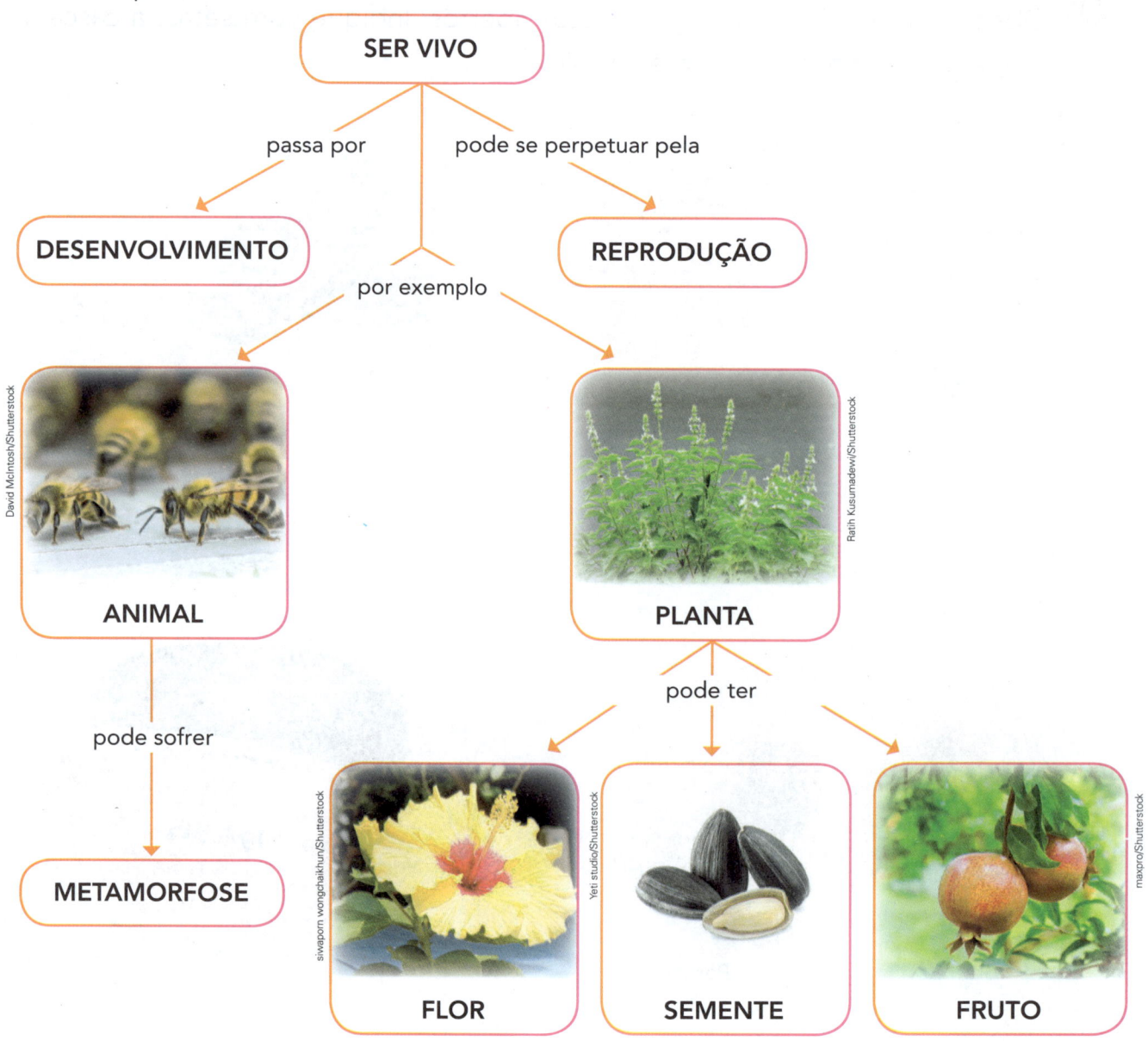

SER VIVO

passa por → DESENVOLVIMENTO

pode se perpetuar pela → REPRODUÇÃO

por exemplo

ANIMAL

David McIntosh/Shutterstock

pode sofrer → METAMORFOSE

PLANTA

Ratih Kusumadew/Shutterstock

pode ter

FLOR

siwaporn wongchaikhun/Shutterstock

SEMENTE

Yeti studio/Shutterstock

FRUTO

maxpro/Shutterstock

1 Indique, com números de 1 a 4, a sequência que revela o desenvolvimento do fruto da berinjela.

Elementos representados em tamanhos não proporcionais entre si.

2 No caderno, escreva um pequeno texto explicando o que é metamorfose. Dê exemplos de seres vivos estudados neste capítulo que sofrem metamorfose.

3 As imagens abaixo mostram seres vivos quando adultos e quando "filhotes". Identifique o ser vivo representado e o estágio da vida em que ele está.

cerca de 15 cm

cerca de 10 cm

cerca de 12 cm

cerca de 7 cm

Tecendo saberes

1 Leia o texto e observe com atenção o esquema ilustrado abaixo. Depois, preencha as lacunas do texto.

Energia para as cadeias alimentares

Você sabe o que é energia?

Para o ser humano viver, para uma planta se desenvolver, etc., é necessário energia. Sem energia as coisas não acontecem.

Um animal carnívoro obtém energia para viver dos animais que come. Já os animais herbívoros obtêm energia das plantas que lhes servem de alimento. E as plantas, que são o passo inicial da maioria das cadeias alimentares, captam a luz do Sol e conseguem utilizá-la para produzir substâncias que farão parte do corpo da planta.

Ao fazer essa "síntese da luz" (em um processo que chamamos de fotossíntese – "foto" significa luz), as plantas estão fazendo algo muito especial: transformando a energia proveniente da luz e a disponibilizando para os demais seres vivos em uma cadeia alimentar.

Texto do autor.

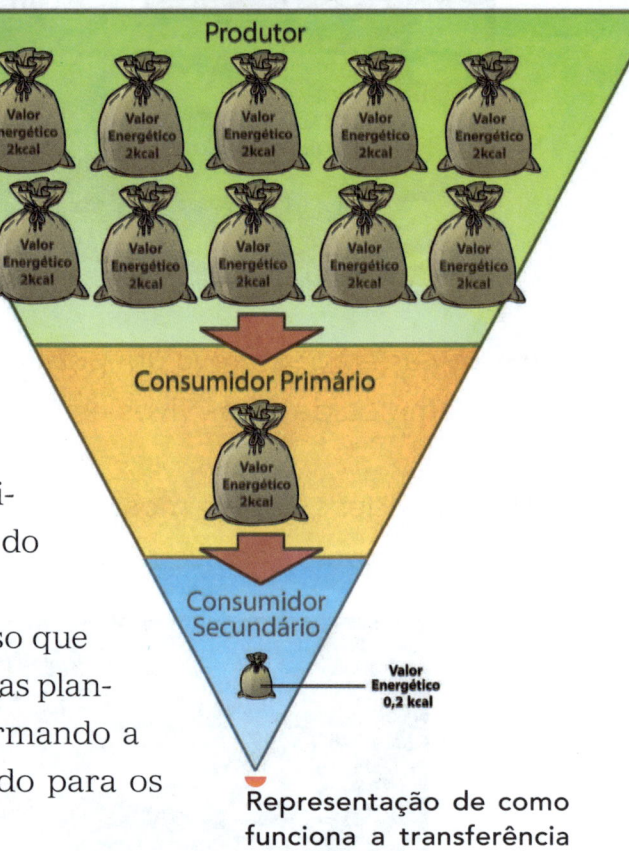

Representação de como funciona a transferência de energia em uma cadeia alimentar.

Podemos então dizer que a principal fonte de _____ para a maioria das cadeias alimentares é a luz do _____. O elo dos _____ coincide com o ponto máximo de disponibilidade de energia em uma cadeia alimentar. E na medida em que flui nas cadeias alimentares e vai sendo _____, a energia disponível, elo após elo, sempre vai diminuindo.

2 Discuta com os colegas e, com base no que você estudou nesta unidade, complete as analogias que aparecem nos balões de fala.

As plantas são como

_____

_____ .

Os animais são como

_____

_____ .

As cadeias alimentares são como

_____

_____ .

3 Analise o esquema da página anterior e faça as contas: Do total de energia existente em um nível de uma cadeia alimentar, que porcentagem fica disponível para o nível seguinte?

_____

_____

_____

4 Troque ideias com os colegas e resolva o mistério: Qual é o passo inicial e a principal fonte de energia que "move" as atividades econômicas representadas nos esquemas a seguir?

Converse com os colegas: O que são atividades econômicas do setor primário, do setor secundário e do setor terciário?

Hagaquezart Estúdio/Arquivo da editora

O que estudamos

Nesta unidade:

- Investigamos alguns seres vivos do Pantanal e aprendemos que podemos representar as relações alimentares entre eles por meio de esquemas.

- Refletimos sobre o problema da extinção de espécies de seres vivos e obtivemos informações sobre iniciativas preservacionistas de sucesso.

- Conhecemos o trabalho de pesquisadores que fazem observações de campo e estudamos a reprodução de animais e de plantas com flores.

Observe as imagens a seguir e relembre o que estudou. Depois, converse com os colegas e o professor sobre o que você aprendeu nesta unidade.

Você...

... investigou do que os seres vivos se alimentam.

... estudou algumas cadeias alimentares e as representou.

... compreendeu o que é extinção e o que pode ser feito para evitá-la.

Steve Winter/National Geographic/Getty Images

... inferiu a relação entre reprodução e extinção.

... pesquisou como ocorrem a reprodução e o desenvolvimento de alguns animais.

iStockphoto/Getty Images

Dinodia/Keystone

... aprendeu como ocorre a reprodução das plantas com flores.

Para refletir e conversar

Folheie as páginas anteriores e reflita sobre valores, atitudes e o que você sentiu e aprendeu nesta unidade.

- Quais seres vivos do Pantanal você gostou de ter estudado? Quais seres vivos você gostaria de estudar de maneira mais aprofundada?

- O que você pensa e sente ao saber que determinada espécie de ser vivo pode deixar de existir no planeta?

- Qual é a sua opinião sobre o trabalho da bióloga que foi entrevistada nesta unidade? Você já pensou em, no futuro, estudar mais a fundo os seres vivos?

2 Água, solo e ser humano

R2-Bruno Auriema/Arquivo da editora

- Onde há água nesta imagem? Será que ela é boa para beber em todas as situações representadas?

- Veja a manchete da notícia que a pessoa sentada está lendo. Por que ocorreram os deslizamentos de terra?

- Por que uma parte do terreno da imagem da notícia foi coberta com lona plástica?

ÁGUA NÃO POTÁVEL NÃO BEBER!

Notícias

CHUVAS CAUSAM DESLIZAMENTO DE TERRA

Cuidando do solo e de suas águas

Deslizamento de terra em Campos do Jordão, São Paulo. Foto de 2019.

 Como tragédias como essa podem ser evitadas?

Para iniciar

Neste capítulo vamos estudar o solo e suas águas. Aprenderemos sobre áreas de risco de desmoronamento, saneamento básico e doenças cuja transmissão depende, de alguma maneira, da água.

- Troque ideias com os colegas: Que cuidados você acha que os moradores e a prefeitura de uma cidade devem ter para evitar tragédias provocadas por desmoronamentos?

- Você sabe para onde vai a água da sua casa que desce pelo ralo e pelo vaso sanitário?

- Você sabe dar exemplos de doenças que podem ser transmitidas pela água?

Atividade prática

**Vamos simular a chuva caindo sobre morros:
O que será que vai acontecer com o solo?**

Material

- Areia
- Regador com água
- Terra

Como fazer

1. Misture um pouco de areia com um pouco de terra.

2. Faça uma minimontanha utilizando a mistura de areia com terra.

> Lave sempre as mãos depois de mexer com terra.

Alex Ribeiro/Acervo do fotógrafo

Alex Ribeiro/Acervo do fotógrafo

3. Troque ideias com os colegas: O que vocês acham que acontecerá com essa minimontanha depois que a "chuva" cair?

4. Finalmente, utilize um regador para simular uma chuva forte caindo sobre a minimontanha.

> O que você acha que acontecerá se cobrirmos a minimontanha com um plástico antes de ser atingida pela água que cai?

Áreas de risco: vamos evitá-las?

Vamos conversar com um agente da Defesa Civil e aprender a reconhecer áreas de risco.

Alguns locais têm maior chance de sofrer desmoronamentos do solo do que outros, e podem ser considerados áreas de risco.

As áreas de risco podem ser monitoradas por agentes da Defesa Civil. Leia a entrevista a seguir e fique sabendo mais sobre o trabalho desses profissionais.

Com a palavra...

cervo do autor/Arquivo da editora

... o sargento Ariano, agente da Defesa Civil.

O que é Defesa Civil?

A Defesa Civil é um **órgão** do município que desenvolve um conjunto de ações destinadas a: 1) evitar ou diminuir os desastres; 2) preservar o ânimo da população atingida por desastres; 3) restabelecer a normalidade nos locais afetados.

> **órgão:** entidade que exerce funções de caráter social, político, administrativo, etc.; organização.

As crianças podem ajudar a Defesa Civil?

As crianças têm um papel importante nas ações preventivas da Defesa Civil. Por exemplo, se você não joga lixo na rua, está evitando o entupimento de bueiros; assim, contribui para que não ocorram enchentes.

> Para falar com a Defesa Civil, ligue para 199.

Como podem ser reconhecidas as áreas com risco de desmoronamento?

Áreas de encosta de morros que estejam desmatadas ou ocupadas com construções feitas fora das normas de segurança são áreas com risco de desmoronamento. Em época de fortes chuvas, o solo dessas áreas pode sofrer erosão e "ir por água abaixo".

Como esse problema pode ser resolvido?

Para melhorar a situação, é preciso oferecer moradias em locais seguros para as pessoas que habitam áreas de risco. Outra possibilidade é urbanizar os morros que já são habitados. A urbanização dessas áreas inclui a realização de obras que diminuam o risco de deslizamento de terra, como fazer cortes do morro em níveis, fazer muros de arrimo e fazer canaletas para o escoamento da água das chuvas.

1 Agora é a sua vez! Imagine que você é agente da Defesa Civil e explique o que foi feito em cada área representada nas imagens a fim de diminuir as chances de ocorrerem desmoronamentos de terra.

Área em Itapecerica da Serra, São Paulo, em 2015.

Área em Anchieta, Espírito Santo, em 2014.

Área em Angra dos Reis, Rio de Janeiro, em 2014.

Área em Angra dos Reis, Rio de Janeiro, em 2014.

2 Cobrir o solo com uma lona plástica ajuda a conter um desmoronamento? Que tal fazer um teste com um colega e descobrir a resposta?

- Usem uma mistura de areia com terra como a que vocês fizeram na **Atividade prática** da página 53.

- Façam duas minimontanhas do mesmo tamanho utilizando essa mistura de areia com terra.

- Cubram somente uma das minimontanhas com uma lona plástica.

Fotos: Alex Ribeiro/Acervo do fotógrafo

- Utilizem regadores para simular chuvas caindo sobre essas minimontanhas. Posicionem cada um dos regadores aproximadamente à mesma altura de cada uma das minimontanhas.

3 Converse com os colegas e o professor e ajude a esclarecer as dúvidas destas crianças.

Por que não cobrimos as duas minimontanhas com lona plástica?

Por que os dois regadores têm de estar aproximadamente na mesma altura em relação às minimontanhas?

Mouses Sagiorato/Arquivo da editora

4 Ajude a terminar o relatório que as crianças começaram a fazer. Depois, faça um desenho para ilustrar o que aconteceu com a minimontanha coberta com lona plástica.

Problema investigado: Usar lona plástica ajuda a conter um desmoronamento de terra?

O que fizemos: Simulamos a chuva caindo em montanhas. Primeiro, nós

Depois, nós

O que observamos: Constatamos que, na minimontanha sem lona plástica,

Na minimontanha coberta com lona

O que concluímos: Depois de termos conversado, concluímos que

Partículas de solo removidas e transportadas montanha abaixo.

Minimontanha sem lona plástica.

Minimontanha coberta com lona plástica.

O solo e o esgoto

Esquema da instalação de uma fossa seca.

Até que profundidade você já escavou o solo? E o que encontrou?

Em geral, próximo à superfície, o solo tem cor mais escura, granulação fina e costuma ser rico em humo. Abaixo dessa camada de humo, o solo pode ser mais argiloso e avermelhado, semelhante ao barro. E, sob essa camada de solo argiloso, geralmente há pelo menos uma camada de solo mais arenoso.

Frequentemente, as pessoas fazem poços cavando diferentes camadas do solo até a profundidade em que encontram água. Os poços são muito úteis, sobretudo em locais onde não há sistema de fornecimento de água encanada.

E por falar em água encanada... você já se perguntou para onde vai toda a água que passa pelos canos de sua casa depois de usada?

Toda essa água forma o **esgoto**. O serviço de coleta e tratamento de esgoto faz parte do **saneamento básico** de uma cidade. Nos locais sem rede de coleta de esgoto, deve-se construir uma **fossa**.

Há dois tipos de fossa:

- Na fossa seca os resíduos são jogados diretamente em um buraco no solo. Imagine o problema se a fossa for construída perto de um poço do qual as pessoas retiram água para beber ou para regar uma horta!

- Na fossa séptica o esgoto não é liberado diretamente no solo, o que diminui os riscos de contaminação do solo e dos lençóis de água subterrâneos.

Esquema das instalações de uma fossa séptica.

1 Observe a fotografia e o esquema mostrando o corte de um solo. Ligue as legendas à camada de solo correspondente em cada imagem.

Igor Stramyk/Shutterstock

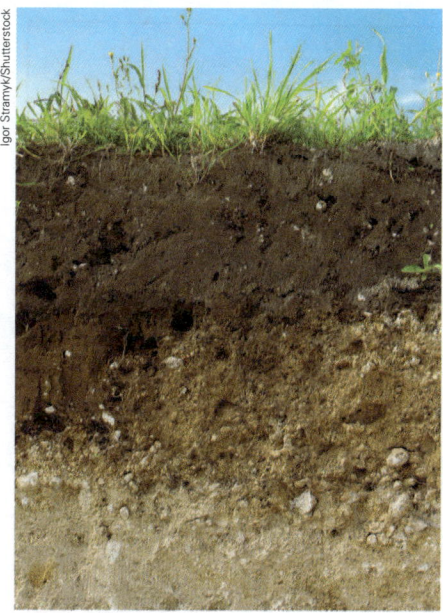

camada argilosa

camada arenosa

camada rica em humo

snapgalleria/Shutterstock

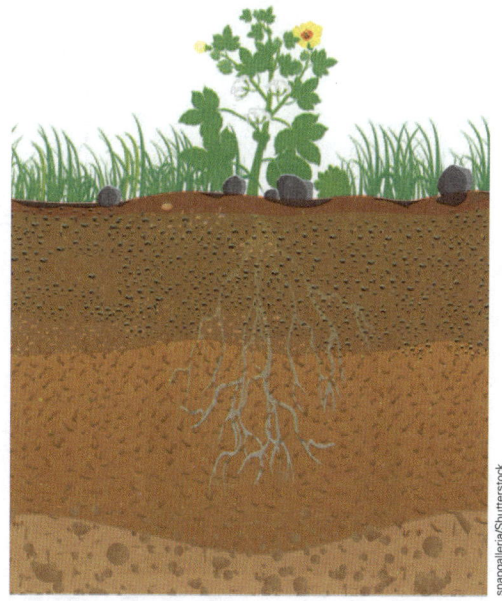

2 Ajude a terminar o texto que um grupo de alunos está elaborando para descrever diferentes amostras de solo que observaram, conforme as imagens abaixo.

Elementos representados em tamanhos não proporcionais entre si.

Descrição de amostras de solo

O solo rico em humo que observamos (imagem número ______) tem o seguinte aspecto: ______________________________ .

Já o solo argiloso (imagem número ______) é ______________________________ .

Os solos arenosos (imagem número ______) ______________________________ .

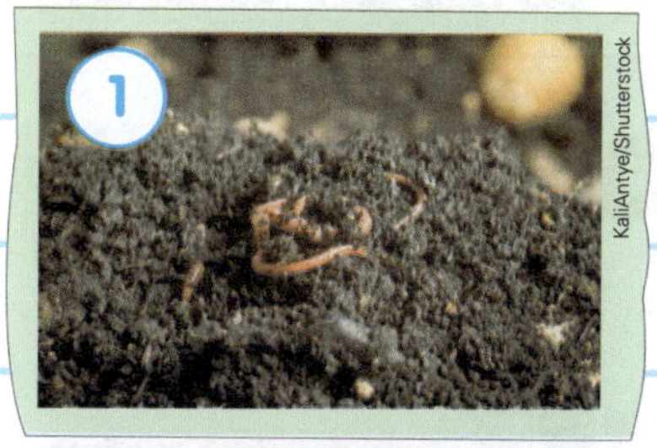

KaliAntye/Shutterstock

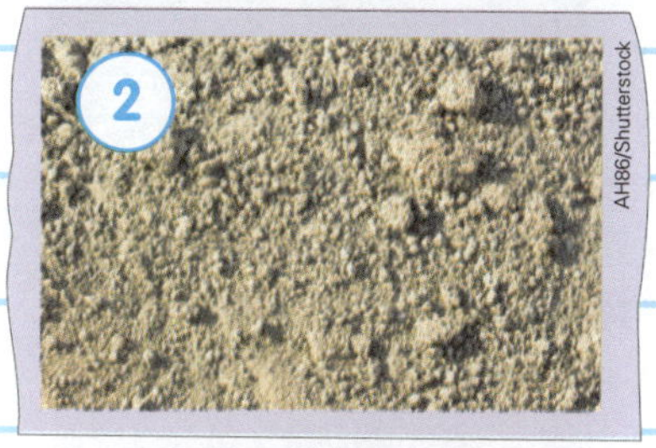

AH86/Shutterstock

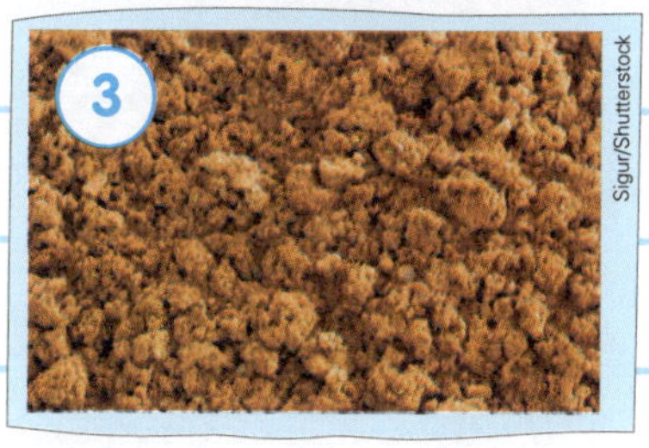

Sigur/Shutterstock

3 Analise as imagens e converse com os colegas sobre as questões apresentadas abaixo. Depois, preencha o quadro respondendo às questões.

	Onde estão sendo lançados os resíduos?	Que obras e instalações você sugere que sejam feitas?
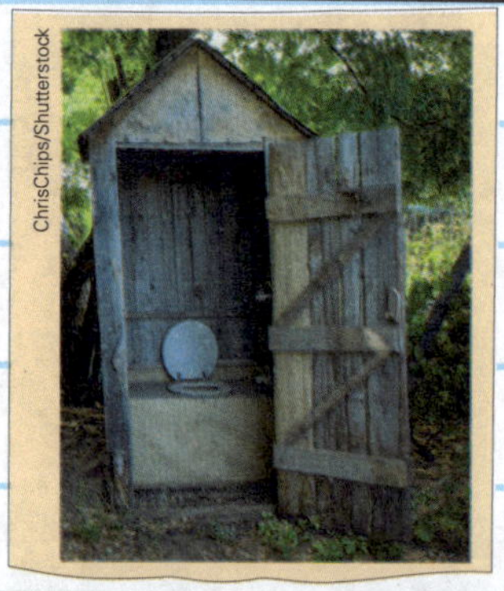 ChrisChips/Shutterstock		
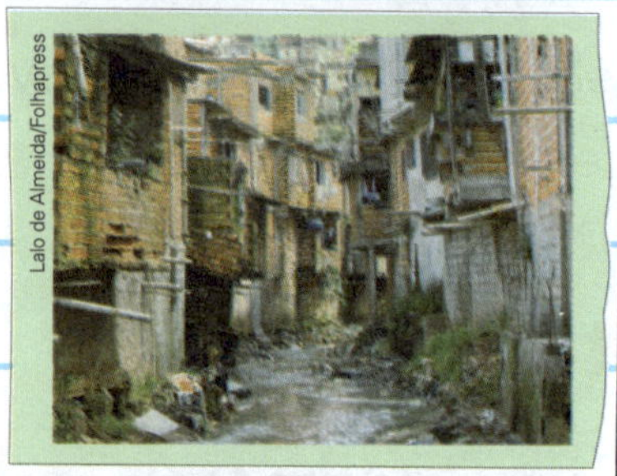 Laio de Almeida/Folhapress		

4 Ajude a escrever o **Dicionário científico das crianças**, explicando o significado de cada uma das palavras abaixo.

esgoto: ______________________________

____

fossa: ______________________________

____

saneamento básico: ______________________________

____

____

Banco de Imagens/Arquivo da editora

5 Leia a reportagem, responda às questões feitas pelas crianças e reflita: O que pode ser feito para evitar que a população beba água contaminada?

Desta água não beberei!

Assim como os lagos dos parques curitibanos, fontes de água natural estão contaminadas.

Ao contrário do que parece, a água cristalina e inodora que brota nas fontes naturais de alguns parques e praças de Curitiba não serve para o consumo humano. De acordo com a Secretaria Municipal de Saúde [...], a maior parte delas está contaminada por coliformes fecais.

Bica no parque Bacacheri em Curitiba, Paraná, em 2013.

A explicação para isso é simples [...]. Quando você contamina o solo, essa poluição acaba chegando ao lençol freático [...].

Por conta do risco para a saúde pública, a Secretaria costuma colocar placas para alertar os frequentadores dos parques. Entretanto, alguns vândalos arrancam essas placas e a população acaba consumindo aquela água sem saber que está contaminada.

Além da desinformação, existe a questão do costume da população. "As pessoas possuem água tratada em casa, mas, por questão cultural, acabam consumindo a água dessas fontes, achando que ela é mais 'natural'", observa [Lúcia Isabel de] Araújo [coordenadora da Vigilância em Saúde Ambiental da Secretaria Municipal de Saúde].

[...]

Além de causar diarreia, a água contaminada pode até matar, caso seja consumida por pessoas [...] que já estejam doentes. [...]

AMAPÁ DO PASSAÚNA. Desta água não beberei! Disponível em: https://amapadopassauna. blogspot.com/2010/07/desta-agua-nao-beberei.html. Acesso em: dez. 2019.

O que pode acontecer se os resíduos que vêm das fossas contaminarem o solo?

O que existe na água contaminada que pode fazer mal à saúde das pessoas?

A água e a nossa saúde

> **Vamos conversar com uma infectologista e aprender sobre as doenças infecciosas.**

Nem sempre água límpida significa água boa para consumo. Como você já aprendeu, a água pode estar contaminada por seres invisíveis a olho nu, que podem não fazer bem à nossa saúde.

Para saber mais sobre doenças causadas por esses seres, as chamadas doenças infecciosas, leia a entrevista abaixo, feita com uma médica infectologista.

Com a palavra...

... a doutora Gisele, médica infectologista.

Que exemplos de doenças infecciosas você pode nos dar?

Além da dengue e da cólera, a gripe, a raiva, a malária e a aids são alguns outros exemplos de doenças infecciosas.

Quem são os causadores dessas doenças?

Os causadores são seres vivos invisíveis a olho nu: os chamados microrganismos. Como não vemos esses seres vivos sem o uso de aparelhos especiais, podemos nos infectar com eles sem perceber. E assim a doença vai sendo transmitida.

Algumas dessas doenças podem ser transmitidas pela água?

Sim. Podemos ingerir ou entrar em contato com água contaminada por seres vivos que causam doenças como a cólera ou a esquistossomose. Em outros casos, como a dengue e a febre amarela, o ser vivo causador da doença não é transmitido pela água, mas por mosquitos que nela se desenvolvem.

Como combater as doenças transmitidas pela água?

No combate a essas doenças, o saneamento básico é fundamental: as cidades precisam contar com rede de esgotos, tratamento de água e coleta de lixo.

E as pessoas, o que devem fazer para se prevenir dessas doenças?

Cada pessoa pode fazer sua parte, por exemplo, lavando cuidadosamente as mãos antes das refeições, depois de ir ao banheiro, antes e depois do preparo de alimentos, e mantendo sempre em dia a carteira de vacinação.

1 Agora que você já sabe um pouco mais sobre doenças infecciosas, esclareça a dúvida destas crianças:

_____

_____

_____

Como podemos evitar que doenças sejam transmitidas pela água?

Como é que podemos adquirir uma doença infecciosa sem perceber?

_____

_____

_____

Ilustrações: Mouses Sagiorato/Arquivo da editora

2 Complete o esquema abaixo com o nome de todas as doenças infecciosas citadas no texto.

Doenças infecciosas

exemplos

febre amarela

esquistossomose

_____

_____

_____

_____

_____

_____

3 Se você fosse o(a) prefeito(a) da cidade onde vive, quais medidas tomaria para evitar que a população contraísse doenças infecciosas?

4 O que você pode fazer para se prevenir dessas doenças?

_____

_____

_____

_____

5 Explore as páginas do jornal abaixo, que nesta edição especial sobre saúde traz informações a respeito de doenças que, para serem transmitidas, dependem, de alguma maneira, da água. Em seguida, responda às questões.

a) Qual é o ser vivo que transmite a dengue? Como ele faz isso?

b) Qual é o papel da água na transmissão da dengue?

_____

_____

_____

EDIÇÃO ESPECIAL SAÚDE

Nesta edição vamos conhecer algumas doenças infecciosas muito comuns no nosso país, entender as suas formas de transmissão e aprender a combatê-las

Dengue!

A dengue é uma doença cujo período de maior transmissão coincide com o verão. Isso porque o clima é favorável à proliferação do *Aedes aegypti,* o mosquito transmissor da doença.

Ao ser picada pelo mosquito, uma pessoa pode adquirir o vírus causador da doença. Daí pode vir a apresentar febre, dor de cabeça, dores pelo corpo, náuseas, ou até mesmo não apresentar qualquer sintoma. Em casos de dengue hemorrágica, a pessoa pode ter sangramentos no nariz e na gengiva, manchas vermelhas na pele, dor abdominal e vômitos. Lembre-se de que é sempre importante procurar ajuda médica, pois essa doença pode ser confundida com outras e pode ser fatal.

cerca de 0,5 cm

Fabio Colombini/Acervo do fotógrafo

O mosquito *Aedes aegypti*, transmissor da dengue e de outras doenças.

Para combater a transmissão da doença, deve-se atacar o mosquito. Uma forma é eliminar os locais onde as fêmeas botam ovos e as larvas do mosquito se desenvolvem: na água limpa, parada e de preferência sombreada. Por isso é importante não deixar que água se acumule em latas, embalagens, plásticos, pneus, vasinhos de plantas. As caixas-d'água também devem estar bem fechadas.

Fique atento! Não vamos permitir que a dengue se espalhe por aí!

MojO/Shutterstock

Fonte de pesquisa: BRASIL. Ministério da Saúde. **Dengue**. Disponível em: <http://portalsaude.saude.gov.br/index.php/o-ministerio/principal/secretarias/svs/dengue>. Acesso em: dez. 2019.

Como podemos combater a transmissão da doença?

6 Responda às questões a seguir no caderno.

a) Você já ouviu falar de outras doenças transmitidas pelo *Aedes aegypti*? Converse com o professor e faça uma pesquisa na internet para descobrir que doenças são essas.

b) A que doença o texto desta página se refere? Que problemas de saúde ela causa?

c) O que existe na água contaminada que causa essa doença?

d) Em uma folha avulsa, faça um cartaz alertando sobre os cuidados que podem ser tomados para evitar a cólera. Compartilhe a sua produção com os colegas.

Não há casos suspeitos de cólera

"Oficialmente, ainda não há casos suspeitos de cólera em Alagoas em decorrência das enchentes [...]" A afirmação é da superintendente de Vigilância em Saúde da Secretaria de Estado da Saúde (Sesau), Sandra Canuto, que [...] reforçou que técnicos têm mantido contato diário com os municípios atingidos [...] e realizado busca ativa de ocorrências de doenças nas unidades hospitalares da capital.

Vibriões da cólera, vistos com um microscópio e coloridos artificialmente. Ampliação de cerca de 6 000 vezes.

Dennis Kunkel Microscopy/ Science Photo Library/Fotoarena

"Por isso, a Sesau vem intensificando as ações de vigilância em saúde [...]", destacou, acrescentando que técnicos [...] realizam monitoramento mensal das águas nos municípios e não têm encontrado o vibrião colérico, bactéria causadora da cólera.

[...]

[A cólera] pode se apresentar de forma grave, com diarreia, dor abdominal, cãibras, com ou sem vômitos. Esse quadro, quando não tratado prontamente, pode evoluir para desidratação [...].

A cólera é transmitida pela ingestão da água, alimentos, peixes, frutos do mar e animais de água doce contaminados [...].

Alagoas não registra caso de cólera há quase dez anos. **Gazetaweb**.
Disponível em: <http://gazetaweb.globo.com/portal/noticia-old.php?c=207816&e=7>.
Acesso em: dez. 2019.

Vamos ver de novo?

Neste capítulo você aprendeu que:

- A erosão pode ser causada pela chuva.
- Agentes da Defesa Civil podem identificar e inspecionar áreas que correm risco de erosão.
- Abaixo da superfície do solo podemos encontrar água.
- O solo pode ser rico em humo, em argila ou em areia.
- Em muitos casos, o esgoto pode ser eliminado em fossas.
- Doenças infecciosas são causadas por microrganismos.
- Doenças como a cólera são transmitidas por água contaminada.
- Doenças como a dengue não são transmitidas pela água, mas por insetos que nela se desenvolvem.

1. Troque ideias com os colegas e analise o que as crianças abaixo dizem. Comente e esclareça a dúvida apresentada ao final.

O solo de um local é sempre igual ao de outro.

_____

_____

_____

Assim como a cólera, a dengue é transmitida por água contaminada.

_____

_____

Se uma área corre risco de sofrer deslizamento de terra, por que muitas pessoas ainda moram lá?

_____

_____

_____

2. Observe a imagem ao lado, troque ideias com os colegas e dê sua opinião: Você acha que a água deste poço é boa para beber? Justifique a sua resposta utilizando os termos do banco de palavras.

residência

fossa seca

poço

doença infecciosa   microrganismo

_____

_____

_____

5 A água em casa

A água que sai da torneira de casa é boa para beber?

 ## Para iniciar

Neste capítulo vamos estudar o tratamento de água e as instalações hidráulicas. Também veremos que a água está presente em diferentes misturas que usamos no dia a dia.

- De onde vem a água que sai da torneira da sua casa? Será que ela é totalmente pura?

- Você sabe onde fica o reservatório de água da sua casa?

- Troque ideias com os colegas: Dê exemplos de misturas que contêm água como um dos componentes.

Atividade prática

Vamos tratar a água?

Como fazer

Material

- Água
- Algodão
- Areia e cascalho
- Colher
- Dois potes transparentes iguais
- Garrafa PET
- Terra

• Atenção
Não utilize recipientes de vidro para esta atividade.

1. Misture meio litro de água com três colheres de terra em um dos potes transparentes. Essa será a sua amostra de água que precisa ser tratada.

2. Peça a um adulto que corte a parte do gargalo da garrafa. Com essa parte da garrafa você fará um filtro de areia e cascalho.

3. Use um pedaço de algodão para tampar o gargalo. Em seguida, coloque um pouco de areia grossa no funil. Por último, coloque cascalho.

4. Pegue sua mistura de água com terra e despeje metade dela no filtro. Recolha a água filtrada no segundo pote transparente. Compare: Como ficará a água de cada pote?

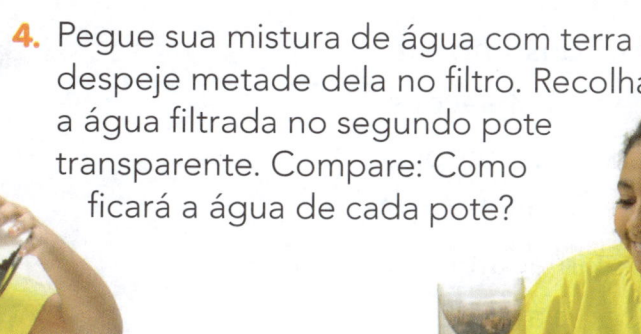

Fotos: Fernando Favoretto/Arquivo da editora

Consumo de água

Vamos conhecer instalações hidráulicas e analisar contas de água.

Como é a rede hidráulica da sua casa?

Geralmente a água que chega a casas e prédios (de um poço ou da rede de abastecimento) vai diretamente para um reservatório de armazenamento. Daí segue por tubulações até os diferentes cômodos, onde é usada. Por fim, a água utilizada é encaminhada através da tubulação para a rede de esgoto ou para fossas.

A umidade dessa parede pode estar sendo causada por um cano rompido.

É importante que você preste atenção nas instalações hidráulicas da sua escola e da sua casa. Pode haver água vazando e ninguém estar percebendo! Muitas pessoas começam a desconfiar de um vazamento quando reparam que os valores da conta de água estão fora do normal. Mas podemos fazer inspeções regularmente para checarmos: Há torneiras pingando? Há descargas que ficam vazando água direto? Há registros que não fecham direito? Existem sinais de umidade nas paredes?

Fique atento ao consumo de água de sua família e às instalações hidráulicas em sua casa. Em média, estima-se que uma família com 4 pessoas gaste aproximadamente 500 litros de água por dia. Que tal economizar esse importante recurso e tentar melhorar essa marca?

A mancha nesta pia é sinal de que a água está sempre pingando da torneira.

1 Analise e compare as contas de água desta página.

a) Identifique a quantidade de água consumida em 30 dias.

b) Debata com os colegas e depois responda às questões das crianças.

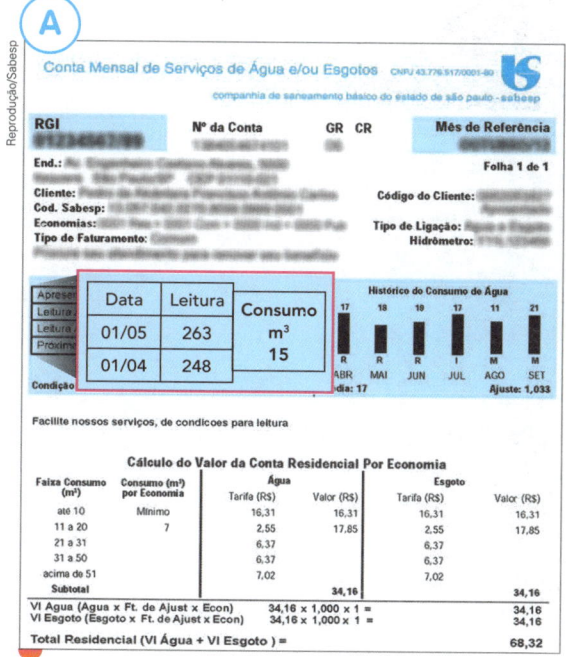

Conta mensal de consumo de água da família A, de 4 pessoas.

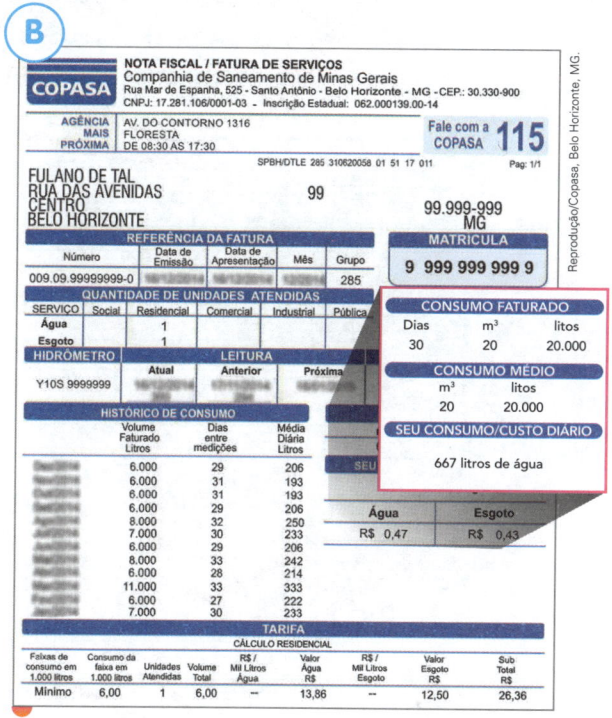

Conta mensal de consumo de água da família B, de 4 pessoas.

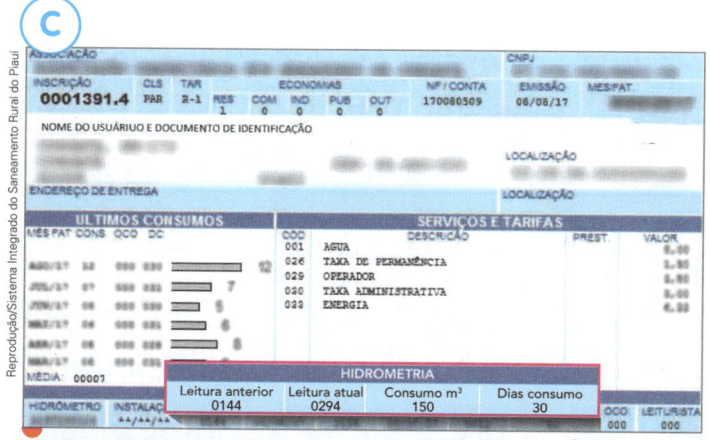

Conta mensal de consumo de água de um prédio residencial, onde moram várias famílias.

Qual das famílias apresentou um consumo de água parecido com o esperado? Qual foi esse consumo?

Qual das famílias teve um consumo de água diferente do esperado? Por que será que isso ocorreu?

Quantas pessoas possivelmente moram em um prédio com uma conta de água como essa?

Elementos representados em tamanhos não proporcionais entre si.

2 Analise os desenhos das instalações hidráulicas apresentados nesta página.

Elementos representados em tamanhos não proporcionais entre si.

Hagaquezart Estúdio/Arquivo da editora

a) Faça uma legenda para esse desenho, indicando o que você acha que representam a cor azul e a cor vermelha nos encanamentos.

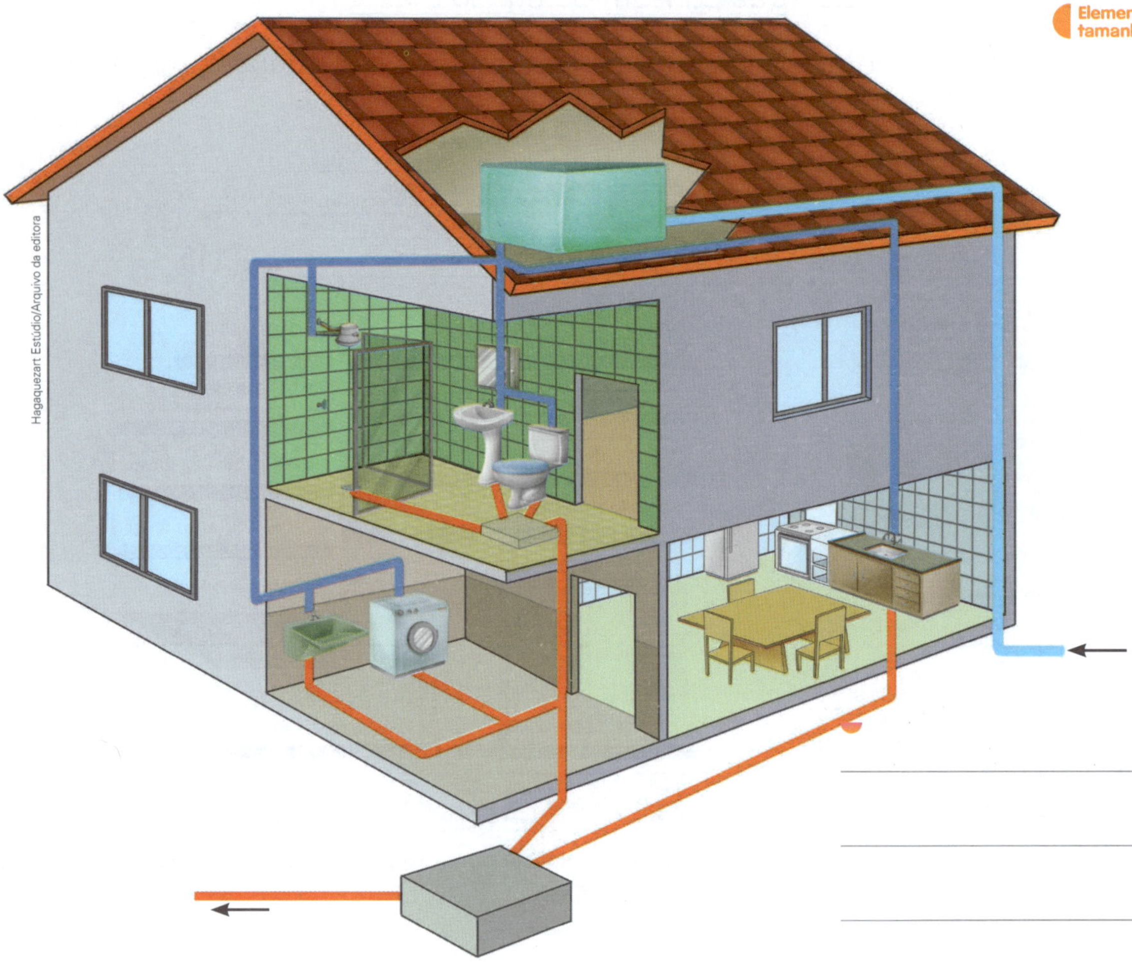

b) Complete o desenho, indicando com setas o caminho da água desde a chegada da rua até a saída para o esgoto.

3 Com um colega, compare as duas situações: Qual é a melhor posição do reservatório para que a distribuição da água ocorra sem o uso de bombas?

Façam vocês mesmos! Reproduzam as montagens, retirem o pregador e observem o que acontece: Suas hipóteses foram confirmadas?

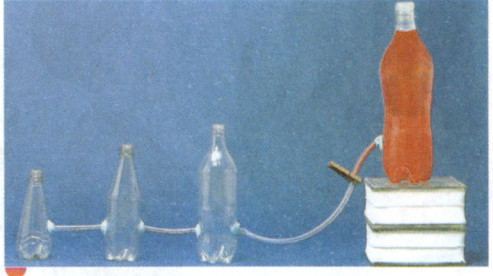

Situação **1**: simulação do reservatório em posição mais elevada do que as instalações aonde a água deve chegar.

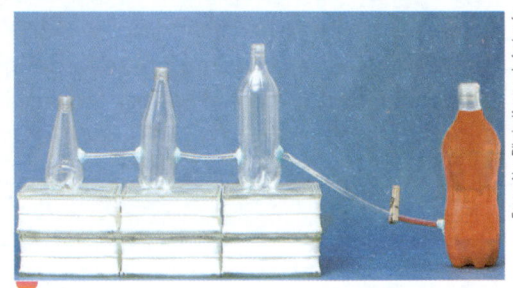

Situação **2**: simulação do reservatório em posição mais baixa do que as instalações aonde a água deve chegar.

Fotos: Alex Ribeiro/Acervo do fotógrafo

4 Observe a ilustração abaixo e, trocando ideias com os colegas, ajude a esclarecer as dúvidas destas crianças:

Elementos representados em tamanhos não proporcionais entre si.

O que aconteceria se todas as caixas-d'água ficassem embaixo da terra?

Para onde vai a água que sai das caixas-d'água subterrâneas?

Onde deve haver uma bomba para a água seguir pela tubulação conforme indicado pelas setas?

Hagaquezart Estúdio/Arquivo da editora

Ilustrações: Giz de Cera/Arquivo da editora

Água que bebemos: uma mistura

> **Vamos explorar o que acontece com a água até chegar à torneira de nossa casa.**

Você sabe de onde vem a água que sai da torneira da sua casa? Será que ela é potável, ou seja, boa para beber?

A água que sai da torneira vem da natureza. No entanto, de maneira geral, a água de lagoas, rios e represas não é potável. É por isso que ela deve ser tratada antes de ser conduzida até a nossa casa.

Acompanhe todo esse processo feito pelas companhias de abastecimento de água:

1. A água é captada dos **mananciais** e levada até a **estação de tratamento**. Essa água vem misturada com terra e outras impurezas.

   mananciais: nascentes de água, fontes, locais de onde se obtém a água.

2. Na estação de tratamento, primeiro a água é deixada em repouso. Ou seja, ela passa por um processo chamado decantação.
3. Depois de decantada, ela passa pela filtração em tanques de areia e cascalho.
4. Por fim, a água é misturada com produtos à base de cloro, que servem para matar os microrganismos.

Estação de tratamento de água em Cuiabá, Mato Grosso. Foto de 2018.

Ao sair da estação de tratamento, a água está pronta para ser consumida.

Ela é então encaminhada por **adutoras** até reservatórios, de onde chega às casas por meio de uma rede de tubulações. Mas isso não quer dizer que você pode beber a água diretamente da torneira. Sempre é conveniente filtrá-la. Afinal, dependendo das condições do encanamento e da caixa-d'água de sua residência, a água pode chegar à torneira menos "limpa" do que quando saiu da estação de tratamento.

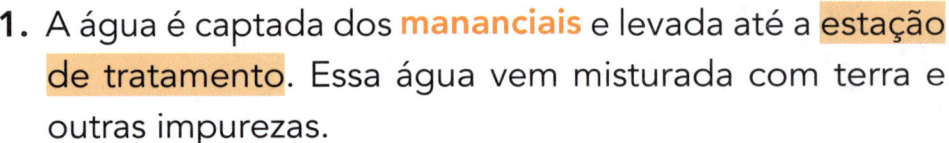

Tiago Leme/Arquivo da Editora

Cesar Diniz/Pulsar Imagens

1 Releia os parágrafos destacados com os números de **1** a **4** no texto da página anterior. Depois, ajude a terminar os esquemas que começaram a ser feitos.

Em uma folha avulsa, faça mais esquemas para sintetizar outras partes do texto.

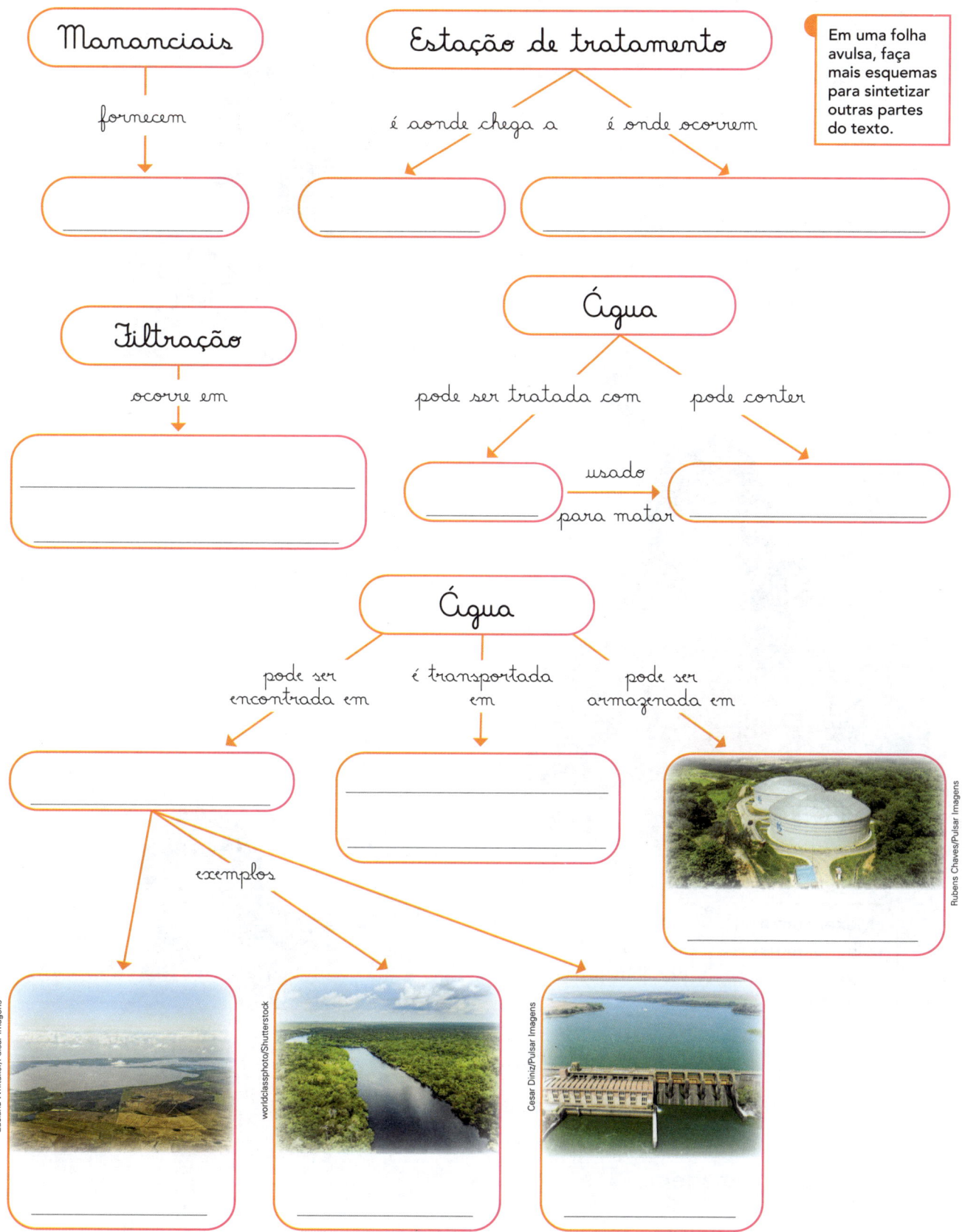

Manaciais — fornecem →

Estação de tratamento — é aonde chega a / é onde ocorrem

Filtração — ocorre em

Água — pode ser tratada com → usado para matar / pode conter

Água — pode ser encontrada em / é transportada em / pode ser armazenada em — exemplos

Luciana Whitaker/Pulsar Imagens

worldclassphoto/Shutterstock

Cesar Diniz/Pulsar Imagens

Rubens Chaves/Pulsar Imagens

2 Faça a decantação e a filtração da água seguindo os passos abaixo. Depois, elabore um texto contando o que você observou.

1. Primeiro, prepare dois recipientes de uma mistura de água com terra. Em cada recipiente, misture um pouco de terra (3 colheres de sopa) e de água (500 mL); identifique-os com **A** e **B**.

Mexer com a colher algumas vezes durante essas 48hs.

Deixar em repouso por 48hs.

2. Deixe o recipiente **A** totalmente em repouso por dois dias. Mexa o conteúdo do recipiente **B** algumas vezes nesse mesmo período. Observe o que acontece nos dois recipientes.

3. Coloque um filtro de papel em um funil ou coador. Depois, despeje a mistura do recipiente **B**, como mostra a imagem.

• Relate o que você observou: O que aconteceu com cada amostra da mistura de água com terra?

Elementos representados em tamanhos não proporcionais entre si.

Relato 1	Relato 2
Depois de deixar a mistura em repouso por dois dias eu observei que	Depois de filtrar a mistura eu observei que

Fernando Favoretto/Arquivo da editora

3 As imagens apresentadas abaixo são de uma mistura de água com terra que foi colocada para decantar. Escreva uma legenda para cada imagem, usando as expressões do banco de palavras.

meia hora   doze horas   dois dias

Science Photo Library/Fotoarena

Science Photo Library/Fotoarena

Science Photo Library/Fotoarena

_____
_____
_____

_____
_____
_____

_____
_____
_____

Misturas no dia a dia

Vamos entender o que são misturas e reconhecê-las no dia a dia.

A água que você bebe é pura? Para começar a responder a essa pergunta, lembre-se do que acontece em uma estação de tratamento: a água que sai de lá contém cloro e flúor, entre outras substâncias. Assim, podemos dizer que essa água é uma mistura.

De maneira geral, não bebemos água pura, mas sim uma mistura cujo principal constituinte é a água. Para entender melhor isso, observe o rótulo de uma garrafa de água mineral: além de água, há vários sais minerais.

Quando analisamos misturas, muitas vezes é fácil identificar visualmente alguns de seus componentes – areia misturada à água ou bolhas de gás em um refrigerante, por exemplo.

Mas enxergar os componentes de uma mistura nem sempre é fácil. É o que acontece quando colocamos um pouco de sal na água. Outros exemplos são o álcool usado para limpeza (mistura de álcool com água) e a água sanitária (mistura de água e hipoclorito de sódio).

Estamos cercados de misturas: o ar que respiramos é uma mistura de diferentes gases e partículas; o leite que bebemos é uma mistura que contém água, gordura, proteínas e outros componentes.

Esteja atento: Quantas misturas você identifica em seu dia a dia?

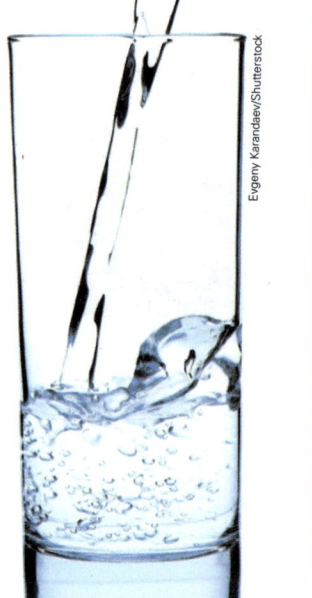

Rótulo: Fernando Favoretto/Arquivo da editora

Evgeny Karandaev/Shutterstock

COMPOSIÇÃO QUÍMICA (mg/L)

Bário ——— 0,078	Sulfato ———— 0,2
Estrôncio — 0,042	Bicarbonato — 7,01
Cálcio ——— 1,48	Fluoreto ——— 0,03
Magnésio — 0,57	Nitrato ———— 6,8
Potássio — 2,17	Cloreto ———— 3,38
Sódio ——— 3,36	

CARACTERÍSTICAS FÍSICO-QUÍMICAS

pH a 25 °C. Condutividade elétrica a 25 °C. Resíduo de evaporação a 180 °C, calculado: 35,27 mg/L.

Conservar ao abrigo do sol, em local limpo e seco, arejado e sem odor.

VALIDADE: 3 MESES APÓS A DATA DO ENVASE

1 Troque ideias com os colegas e o professor e complete as fichas de misturas indicando os componentes dos produtos apresentados. Use os termos do banco de palavras.

◗ Elementos representados em tamanhos não proporcionais entre si.

açúcar   água   álcool   amêndoa   avelã   chocolate   castanha-de-caju
farinha   fermento em pó   sal   hipoclorito de sódio   uva-passa   água

Álcool hidratado

Composição:

_____

_____

_____

Mistura para *cookie*

Composição:

_____

_____

_____

Mistura de frutas secas e castanhas

Composição:

_____

_____

_____

Água sanitária

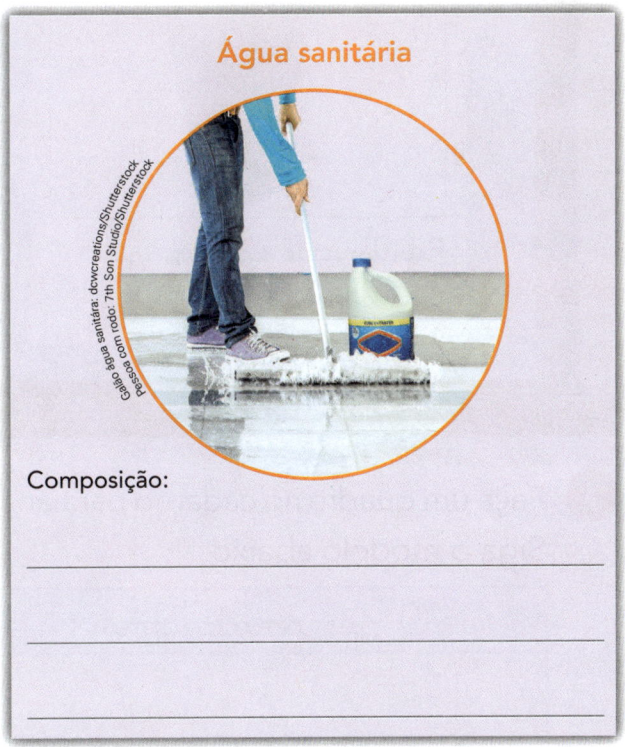

Composição:

_____

_____

_____

2 Os alunos fizeram uma pesquisa e montaram o mural que está nesta página e na próxima. Leia-o atentamente.

Misturas no dia a dia

Conseguimos visualizar separadamente alguns dos componentes

● Elementos representados em tamanhos não proporcionais entre si.

Tempero de salada: mistura de óleo, vinagre e algumas ervas.

Preparo de concreto: areia, água, cimento e pedrisco.

Refrigerante: xarope, água com gás e corante.

Granito: composto de quartzo, feldspato e mica.

3 Faça um quadro no caderno para analisar as misturas que os alunos encontraram. Siga o modelo abaixo.

O que analisamos	Componentes

4 Converse com os colegas sobre os comentários e a dúvida das crianças, no final da página. Eles estão corretos? Por quê? E o que você responderia ao menino?

Não conseguimos visualizar os componentes separadamente

Soro fisiológico: mistura de água e cloreto de sódio.

Complemente a pesquisa e cole imagens de dois exemplos de misturas cujos componentes não conseguimos visualizar separadamente. Escreva também uma legenda para elas.

Aço: mistura de ferro e carbono.

Elementos representados em tamanhos não proporcionais entre si.

No mural não tem nenhuma mistura com gás!

As rochas sempre contêm somente um mineral? Ou também podem ser misturas?

Sempre conseguimos ver um sólido depois que ele é misturado a algum líquido.

Rita Barreto/Acervo da fotógrafa

quka/Shutterstock

Giz de Cera/ Arquivo da editora

Vamos ver de novo?

Neste capítulo você aprendeu que:

- A água de mananciais nem sempre é potável.

- Nas estações de tratamento, a água é decantada e filtrada e recebe produtos à base de cloro.

- A água que bebemos é uma mistura.

- As instalações hidráulicas possuem, basicamente, reservatórios (que costumam ficar em locais elevados) e tubulações.

1. Quando trocavam ideias comparando a decantação e a filtração da água, alguns alunos fizeram algumas afirmações. Circule abaixo a(s) frase(s) com a(s) qual(is) você concorda. No caderno, justifique a sua resposta.

A) A decantação é o processo mais rápido.

B) A filtração é bem mais rápida e muito eficiente.

C) A filtração não é eficiente e é muito difícil de ser feita.

2. Analise a ilustração e desenhe setas que indiquem corretamente o caminho que a água percorre, desde o manancial até chegar à nossa casa.

Elaborado com base em: SAUVAIN, Philip. **Water** (Way it Works). Portsmouth: Heinemann Library, 1991.

Elementos representados em tamanhos não proporcionais entre si.

manancial

reservatório de água

bomba

rede de distribuição

adutora

estação de tratamento

3. Analise a imagem ao lado e responda no caderno: O que é preciso fazer para esta água se tornar boa para beber? Na sua resposta, explique o que ocorre em uma estação de tratamento de água.

Rio Jaguari-Mirim em São João da Boa Vista, São Paulo, em 2013.

Tecendo saberes

1 Leia o texto abaixo e reflita: Será que os microrganismos são somente causadores de doenças e de efeitos indesejáveis?

Trabalhadores minúsculos

Você já fez pão? Para isso você deve misturar água e farinha. Depois, deve colocar fermento biológico e esperar. A massa, então, fermenta e "cresce".

Um dos segredos da massa de pão está no fermento biológico. Mas você sabe o que é esse fermento? Ele não é nada mais do que um montão de seres vivos microscópicos: as leveduras. Elas "trabalham" usando substâncias que estão na massa e fazem o pão "crescer".

É preciso esperar a massa "crescer" antes de levá-la ao forno.

O fermento biológico fresco e o fermento biológico seco, usados na produção de massas.

Uma das grandes conquistas e invenções da humanidade foi aprender a usar certos microrganismos a seu favor. Foi assim que se desenvolveu a fabricação do pão e também das bebidas fermentadas, como o vinho e a cerveja. Acredita-se que muitos povos da Antiguidade dominavam essas tecnologias.

Os produtos fermentados não são usados somente na alimentação. Nas usinas que fabricam álcool combustível, uma multidão desses minúsculos "trabalhadores" se encarrega de fermentar o caldo de cana.

Já na indústria farmacêutica, muitos medicamentos são fabricados a partir do "trabalho" das leveduras e de outros microrganismos.

Por fim, vale comentar que, para fazer alguns queijos, também são usados minúsculos trabalhadores. É o caso dos queijos *camembert* e *brie*. E aquele "cheiro de chulé" tão característico do queijo gorgonzola também é um sinal do trabalho de microrganismos.

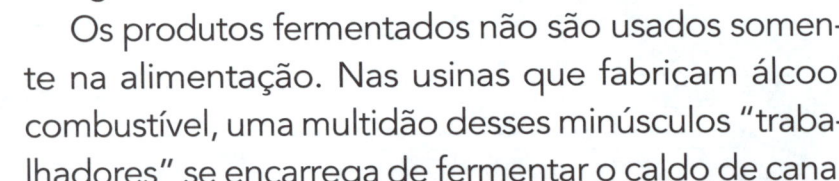

Certas bebidas alcoólicas e alguns tipos de queijo dependem de microrganismos para serem produzidos.

2 No texto foram usadas algumas analogias. Identifique-as ao esclarecer as dúvidas das crianças abaixo.

Os microrganismos foram comparados com o quê?

O cheiro do queijo gorgonzola foi comparado com o quê?

Ilustrações: Mouses Sagiorato/Arquivo da editora

3 O texto cita "povos da Antiguidade". O que você sabe sobre eles? Leia as informações do mapa abaixo e troque ideias com os colegas.

A **civilização maia** surgiu há mais de 4 mil anos. O povo maia ocupa a região até hoje, mesmo após ter seus últimos territórios perdidos para os espanhóis, em 1697.

A Grécia é considerada o berço da **civilização ocidental**. Em 776 a.C. (quase 2800 anos atrás), foram realizadas as primeiras Olimpíadas.

A **civilização egípcia** existe há mais de 5 mil anos. As famosas pirâmides de Gizé foram construídas há 4500 anos.

Há cerca de 2900 anos, os **povos tupis** se espalharam por quase todo o litoral brasileiro. Sua população foi extremamente reduzida após a invasão portuguesa, em 1500.

Os **povos bantos** se espalharam pela África Central a partir de 1000 a.C., chegando a uma região onde hoje se encontram os territórios de Angola, Congo e Zâmbia.

O território da atual Austrália era ocupado por diversos povos, muitos deles nômades. A população de **aborígines australianos** diminuiu muito após a invasão britânica, em 1788, principalmente por causa de doenças.

Há mais de 4 mil anos, começava a história da primeira **dinastia da China**.

Paola Crash/Shutterstock

● Você e seus colegas vão se organizar em sete grupos. Cada grupo deve escolher um dos povos antigos em destaque e fazer uma pesquisa sobre esse povo. Em seguida, montem um mural com textos e imagens.

O que estudamos

Nesta unidade:

- Aprendemos que a erosão é a remoção e o transporte de materiais da superfície da terra e que podemos evitá-la ou minimizá-la quando ocorre pela ação da água das chuvas.

- Estudamos que a ocupação inadequada do solo pode resultar em tragédias, como o desmoronamento de encostas.

- Vimos que a água, quando contaminada, pode transmitir doenças graves.

- Aprendemos que a água proveniente das estações de tratamento é uma mistura, adequada ao consumo humano.

Observe as imagens a seguir e relembre o que estudou. Depois, converse com os colegas e o professor sobre o que você aprendeu nesta unidade.

Você...

Registre suas ideias no caderno.

... aprendeu a identificar áreas de risco de deslizamento de terra.

... investigou como podemos minimizar os efeitos da erosão.

... estudou as características do solo e refletiu sobre o destino do esgoto.

... conheceu algumas doenças infecciosas cuja transmissão depende da água.

Fabio Colombini/Acervo do fotógrafo

... explorou o que acontece com a água até chegar à torneira de nossa casa.

Cesar Diniz/Pulsar Imagens

... comparou a decantação e a filtração da água.

Suchart Seehamart/Alamy/Fotoarena

... aprendeu a reconhecer misturas no dia a dia.

Fernando Favoretto/Arquivo da editora

Para refletir e conversar

Folheie as páginas anteriores e reflita sobre valores, atitudes e o que você sentiu e aprendeu nesta unidade.

- Qual é a sua opinião sobre o fato de que nem todas as pessoas têm água tratada em casa?

- O que você pensa e sente ao ver, praticamente todos os anos, na época de fortes chuvas, notícias de tragédias causadas por desmoronamentos de terra?

- Enquanto estudava, você sentiu algum impulso para começar a fazer algo pela água e pelo solo do planeta? Justifique sua resposta.

3 Recursos naturais e transformações

- Nesta cena você detectou algo em transformação? O quê?

- Você identifica algo que passa ou passou por uma transformação irreversível? Explique.

- De que recursos naturais são feitos os objetos usados pelos cozinheiros?

Transformações químicas

Como fica a massa de *pizza* quando é assada?

 ## Para iniciar

Neste capítulo vamos estudar transformações. Conheceremos também alguns materiais que não existem na natureza: eles foram inventados pelo ser humano a partir do domínio das transformações químicas.

- Troque ideias com os colegas: Por quais transformações os alimentos preparados na cozinha podem passar?

- Em uma folha avulsa, desenhe um alimento estragado: Como é o aspecto dele?

- Você sabe de onde se obtém o plástico? Como seria o mundo se não existissem materiais como o plástico? Converse com os colegas.

Atividade prática

O que pode levar os alimentos a estragar?

Como fazer

1. Separe duas fatias de pão de fôrma.

Material

- Água
- Algodão
- Fatias de pão de fôrma
- Sacos plásticos transparentes

2. Despeje um pouco de água sobre uma delas, deixando-a úmida, mas não encharcada. Mantenha a outra fatia seca.

3. Coloque cada fatia de pão em um saco plástico transparente, junto a um pequeno algodão úmido, e deixe-as à sombra em um local arejado. Com uma etiqueta identifique cada saco plástico.

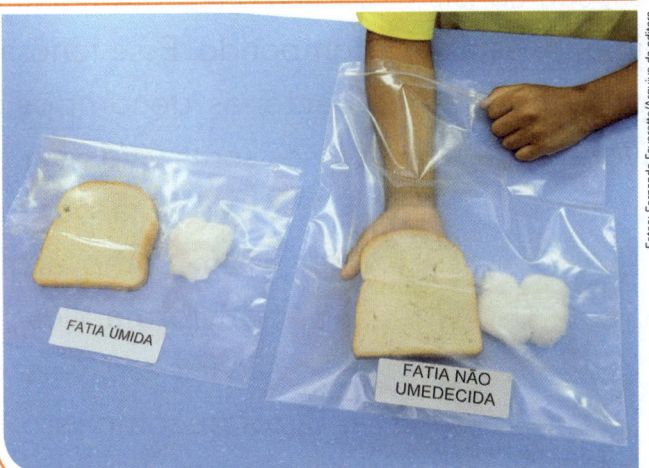

FATIA ÚMIDA

FATIA NÃO UMEDECIDA

Fotos: Fernando Favoretto/Arquivo da editora

FATIA ÚMIDA

FATIA NÃO UMEDECIDA

4. Observe o que acontece com cada fatia de pão depois de alguns dias: Qual delas estraga mais rapidamente?

Atenção

Não coma os pães utilizados nos testes. Após os testes, jogue-os diretamente no lixo.

Transformações: reversíveis e irreversíveis

Vamos explorar transformações reversíveis e irreversíveis.

Você já observou quantas coisas se transformam a nossa volta à medida que o tempo passa e dependendo das ações a que são submetidas?

Algumas transformações podem demorar certo tempo; por exemplo, leva certo tempo para algo enferrujar. E também leva tempo para alguns alimentos apodrecerem.

Outras transformações podem ser rápidas: é o caso do açúcar, que vira caramelo ao ser colocado no fogo, e do gelo, que vira água líquida, dependendo da temperatura do ambiente.

Agora, vamos analisar essas transformações mais detalhadamente.

Elementos representados em tamanhos não proporcionais entre si.

Chaves enferrujadas.

Quando um alimento apodrece, seu cheiro fica forte e desagradável para nós, sua consistência fica diferente e sua cor muda. Tudo isso é sinal de que o alimento está se decompondo. Esse fenômeno está relacionado à ação de alguns tipos de fungos e bactérias decompositores. Com umidade e temperatura favoráveis, a ação desses seres vivos é maior.

Calda de açúcar derretida.

Você já parou para pensar que a decomposição, assim como a queima do açúcar, são exemplos de transformações "que não têm volta"? Ou seja, elas são irreversíveis: o que foi queimado, e também o que foi decomposto, não voltará a ser como era antes.

Já o derretimento do gelo é uma transformação reversível. Se colocarmos a água líquida no congelador, podemos obter gelo novamente.

O mundo em que vivemos está repleto de transformações. Preste atenção ao que acontece à sua volta, identifique transformações que ocorrem e reflita: Quais delas são reversíveis? E quais são irreversíveis?

Cubos de gelo derretendo.

1 Leia a história abaixo. Depois, escreva a fala da menina no quarto quadrinho e dê um título para a história.

2 Depois de alguns dias, por que as torradas podem não ter estragado, como o restante do lanche?

_____

_____

_____

3 Observe as imagens e, no caderno, descreva em detalhes cada transformação.

Elementos representados em tamanhos não proporcionais entre si.

Ficha de transformação 1

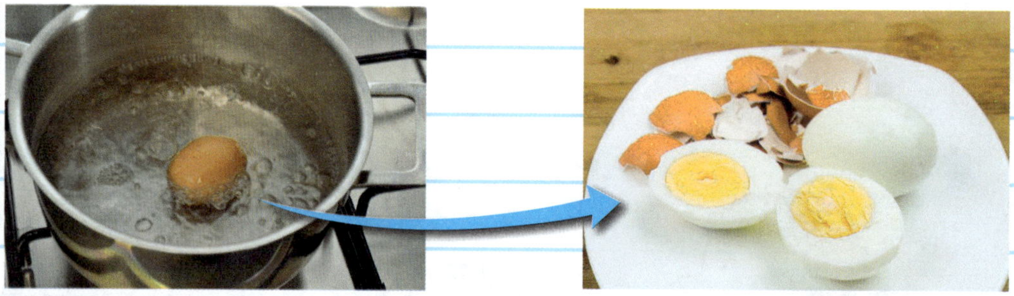

gosphotodesign/Depositphotos/Fotoarena

Tham KC/Shutterstock

Ficha de transformação 2

Valdir de Oliveira/Fotoarena

Compare essas transformações e debata com os colegas: Qual é irreversível?

4 Complete o texto da conversa entre estas crianças. Utilize os termos **reversível** ou **irreversível**.

A água líquida que se solidifica e vira gelo é um exemplo de transformação
_____.

Ao queimar uma folha de papel promovemos uma transformação
_____.

Quando um ovo é cozido ele se transforma. Esse é um exemplo de transformação
_____.

Mouses Sagiorato/Arquivo da editora

5 Analise o procedimento realizado abaixo. Depois, troque ideias com os colegas e responda às perguntas abaixo:

- Primeiro, o professor despejou parte da água oxigenada, que estava em um frasco opaco, dentro de um recipiente transparente. Em seguida, ele tampou ambos os recipientes.

- No dia seguinte, o professor separou duas rodelas de batata e pingou cinco gotas de água oxigenada 30 volumes, que estava no frasco opaco, em uma das rodelas de batata. Observe na foto o que aconteceu.

- Em seguida, o professor pingou cinco gotas da água oxigenada que estava no recipiente transparente na outra rodela de batata. Observe na foto o que aconteceu.

a) Na sua opinião, a água oxigenada passou por uma transformação reversível?

b) Compare a segunda e a terceira foto: O que aconteceu com a água oxigenada em cada situação?

c) Discuta com os colegas: O que deve ter causado a diferença entre as amostras de água oxigenada usadas na segunda e na terceira foto?

d) Em sua opinião, como devem ser as embalagens de água oxigenada?

Natural ou sintético?

Vamos conhecer alguns materiais sintetizados pelo ser humano.

Nas embalagens de diferentes produtos utilizados no dia a dia, é possível observar o nome do **técnico** ou **químico** responsável por eles.

Leia a entrevista a seguir e descubra o que fazem esses profissionais. Conheça também alguns produtos criados ou inspecionados por eles.

Com a palavra...

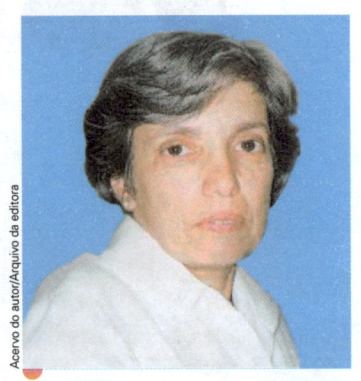

... Maria Eunice Ribeiro Marcondes é a profissional da área de Química entrevistada.

O que um químico faz?

O químico investiga processos que ocorrem na natureza, estuda reações químicas que produzem energia (como a queima de combustíveis, as reações nas pilhas e baterias) e também pesquisa e desenvolve novos materiais.

Madeira, pedra, pele de animais são exemplos de materiais encontrados na natureza. Você pode dar exemplos de substâncias e materiais sintéticos inventados por químicos?

Os plásticos, como o PVC e o PET das garrafas de refrigerante; o acrílico; a laicra; o náilon; o PTFE (conhecido como *teflon*). Há também medicamentos que são desenvolvidos pelos químicos.

O desenvolvimento da Química sempre traz benefícios para o ser humano?

Certamente o dia a dia das pessoas é facilitado pelo uso desses novos materiais. Os copos e as seringas descartáveis são exemplos disso. A Química também permitiu o desenvolvimento de vários remédios. Mas muitas indústrias químicas acabam contribuindo para o aumento da poluição.

E o que se pode fazer para que isso ocorra menos?

O químico pode contribuir desenvolvendo processos e produtos menos poluentes. As indústrias podem ajudar se aproveitarem os resíduos dos processos industriais e deixarem de lançar no ambiente substâncias agressivas à natureza. Os cidadãos devem fiscalizar tudo, evitar o consumo sem necessidade, não comprar produtos de indústrias poluidoras e reaproveitar alguns materiais.

1 Agora, faça o que se pede:

a) Contorne os exemplos de substâncias e materiais inventados pelo ser humano.

b) Sublinhe os exemplos de como você pode contribuir para que não ocorra poluição por indústrias químicas.

2 Com base na leitura do texto, complete o esquema a seguir.

> Dica: Veja na entrevista da página anterior os nomes de alguns materiais sintéticos.

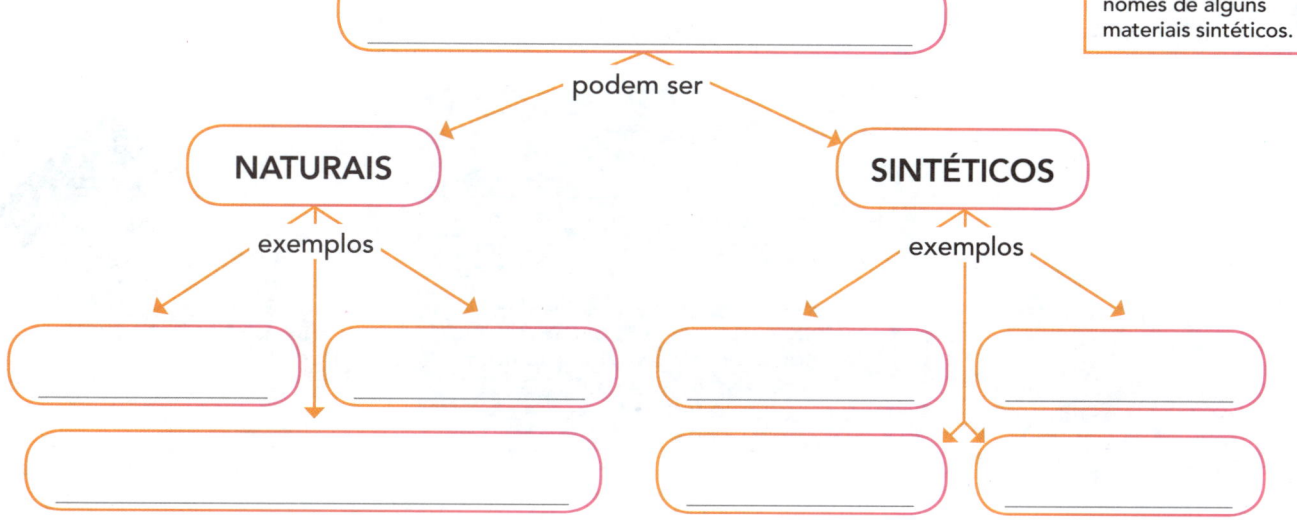

podem ser

NATURAIS   **SINTÉTICOS**

exemplos   exemplos

3 Preencha o quadro abaixo e compare os objetos e os materiais mais usados antigamente com os de hoje.

▶ Elementos representados em tamanhos não proporcionais entre si.

Objeto	De que era feito antigamente	De que pode ser feito hoje
Cano	Alex Ribeiro/Acervo do fotógrafo Cobre ou ferro	Alex Ribeiro/Acervo do fotógrafo _____
Sacola	JIANG HONGYAN/Shutterstock Papel	jocic/Shutterstock _____
Roupa	Ruslan Kudrin/Shutterstock Algodão	Karkas /Shutterstock _____
Garrafa	Nikola Spasenoski /Shutterstock Vidro	donatas 1205/Shutterstock _____

4 Leia atentamente os rótulos das embalagens e troque ideias com os colegas: Quais os riscos relacionados à utilização de cada um desses produtos?

O que quer dizer cada um dos símbolos usados nestes rótulos?

Elementos representados em tamanhos não proporcionais entre si.

Desinfetante
Uso genérico.
Produto tóxico.
Mantenha afastado de animais e crianças.
Lave as mãos após o uso. Em caso de contato com os olhos e a pele, lave-os em água corrente por 15 minutos.
Se ingerido, procure auxílio médico levando a embalagem do produto.
Químico responsável: Paula Abdias
CRQ 2345E1 3ª região

Studio DMM Photography, Designs & Art/Shutterstock
Charles Brutag/Shutterstock

Álcool gel
Uso externo.
Perigo! Produto inflamável.
Manter afastado do fogo, do calor e longe de crianças e animais de estimação.
Lavar com água em abundância no caso de contato com olhos.
Procurar um médico em caso de ingestão ou se houver sinais de irritação.
Químico responsável: Antônio Xavier
CRQ 033333 5ª região

David Smart/Shutterstock
necia bayraktar/Shutterstock

Tira ferrugem
Aplicar somente em tecidos.
Este produto causa queimaduras: use luvas ao aplicar.
Em contato com a pele e os olhos, lavar cuidadosamente com água.
Se ingerido, consultar imediatamente um médico, levando a embalagem do produto.
Químico responsável: Carla Matia
CRQ X39H 2ª região.

5 Associe cada um dos símbolos abaixo, encontrados na embalagem de diferentes produtos, com a legenda que os explica.

Ilustrações: gabor2100 /Shutterstock

Tóxico: aquilo que envenena.

Corrosivo: que corrói, consome, gasta, destrói.

Inflamável: que pode converter-se em chamas.

6 Analise os rótulos de outros produtos e faça fichas para descrevê-los, indicando: nome, para que servem, como utilizá-los e quais cuidados tomar ao manuseá-los.

Atenção
Peça ajuda a um adulto para manusear as embalagens!

PRODUTOS USADOS NO DIA A DIA

Giz de Cera/ Arquivo da editora

7 Releia com o professor a última resposta da entrevista da página 96. Converse com os colegas e, depois, escreva o que significa o símbolo ao lado, encontrado na embalagem de diferentes produtos.

barbaliss/Shutterstock

_____

_____

_____

_____

Vamos ver de novo?

Neste capítulo você aprendeu que:

- Na natureza podem ocorrer transformações reversíveis e irreversíveis.
- As transformações de estados da água são exemplos de transformações reversíveis.
- A queima e o enferrujamento são exemplos de transformações irreversíveis.
- Umidade e temperatura são fatores que podem influenciar a ação dos fungos e das bactérias que promovem a decomposição.
- O ser humano cria materiais que não existem na natureza.
- Determinados produtos oferecem riscos aos seres humanos e outros seres vivos. Por exemplo: são corrosivos, inflamáveis ou tóxicos.

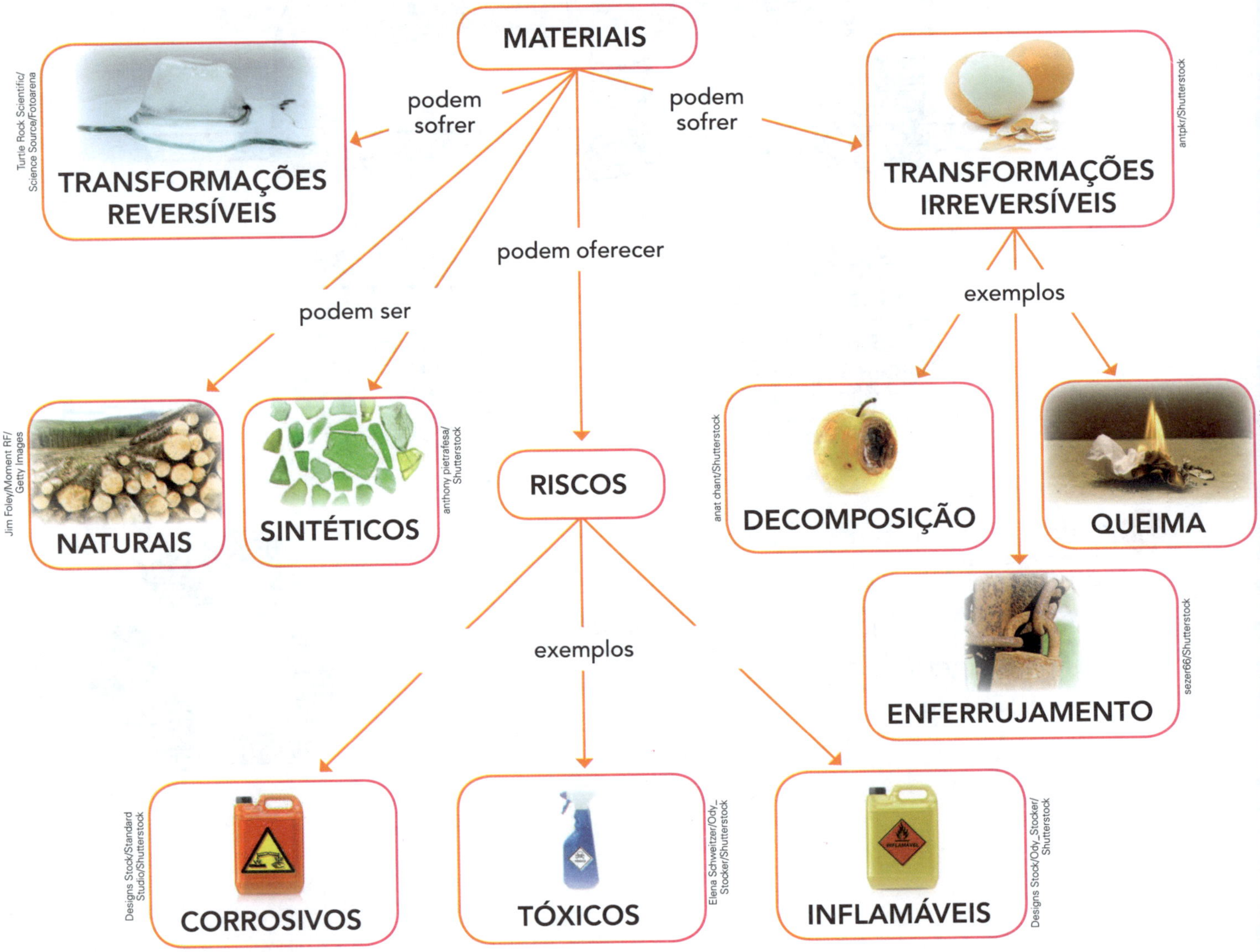

MATERIAIS

podem sofrer → **TRANSFORMAÇÕES REVERSÍVEIS**

Turtle Rock Scientific/Science Source/Fotoarena

podem sofrer → **TRANSFORMAÇÕES IRREVERSÍVEIS**

antpkr/Shutterstock

podem ser → **NATURAIS** / **SINTÉTICOS**

Jim Foley/Moment RF/Getty Images

anthony pietrafesa/Shutterstock

podem oferecer → **RISCOS**

exemplos → **DECOMPOSIÇÃO** / **QUEIMA**

anat chant/Shutterstock

ENFERRUJAMENTO

sezer66/Shutterstock

exemplos → **CORROSIVOS** / **TÓXICOS** / **INFLAMÁVEIS**

Designs Stock/Standard Studio/Shutterstock

Elena Schweitzer/Ody_Stocker/Shutterstock

Designs Stock/Ody_Stocker/Shutterstock

1 Analise o que as crianças falaram. Quais afirmações estão corretas? Explique.

A água oxigenada sofre uma transformação irreversível quando exposta à luz.

Todas as transformações que ocorrem na natureza são reversíveis.

Para produzir objetos, são utilizados somente materiais que já existem prontos na natureza.

Mouses Sagiorato/Arquivo da editora

2 Escreva uma legenda para descrever e analisar as transformações abaixo. Em seu texto, procure usar os termos "reversível" e "irreversível".

_____

3 Complete a cruzadinha com o nome (ou sigla) da substância e dos materiais inventados pelo ser humano, citados na entrevista da química.

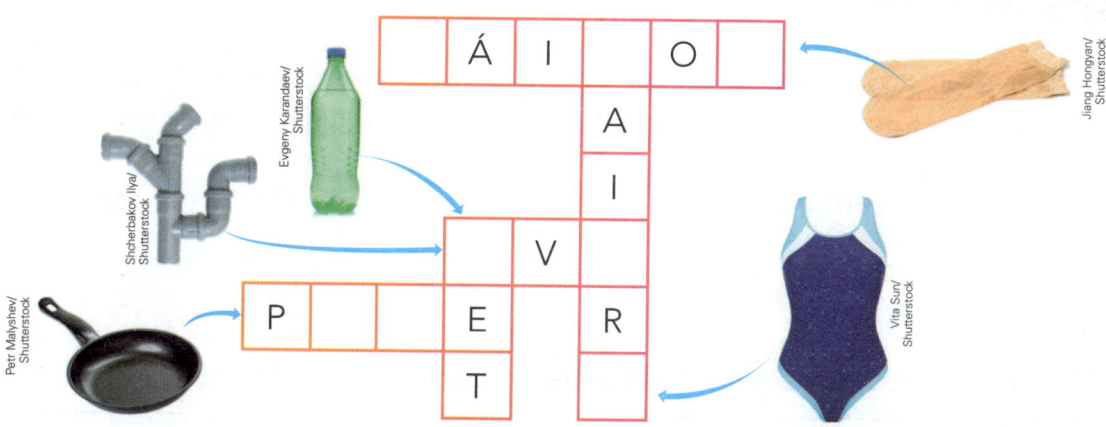

Recursos naturais

Salina em Galinhos, no Rio Grande do Norte.

 Que recursos naturais você usa no seu dia a dia?

 ## Para iniciar

Neste capítulo vamos aprender de onde vem o sal que consumimos. Também estudaremos alguns recursos naturais que utilizamos para diferentes finalidades.

- Você sabe de onde vem o sal que usamos na nossa alimentação?

- Com um colega, faça uma lista citando diferentes recursos naturais que vocês usam no dia a dia.

- Na sua opinião os recursos naturais podem acabar? Por quê?

Atividade prática

Vamos montar uma casa utilizando recursos naturais, como galhos e folhas?

Material
- Argila
- Folhas
- Galhos secos

Como fazer

1. Separe vários galhos secos de tamanho parecido. Providencie também folhas e argila.

2. Coloque os galhos lado a lado, cruzando-os, e passe uma camada de argila por cima deles. Assim, você estará fazendo a parede da casa.

3. Disponha as quatro paredes como se estivesse montando um cubo. Apoie alguns galhos sobre elas para começar a fazer o telhado.

4. Cubra o telhado com a folhagem. Agora é só brincar com a sua casa feita de galhos secos, argila e folhas.

Fotos: Fernando Favoretto/Arquivo da editora

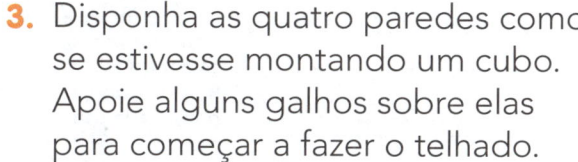

Fábricas de sal

Vamos aprender como podemos obter sal a partir da água do mar.

Você sabe de onde obtemos o sal?

O sal pode ser obtido a partir da exploração de jazidas. Mas existe outra forma de obter o sal.

O sal de cozinha é uma substância chamada cloreto de sódio. No Brasil, ele é obtido principalmente da água do mar.

Nas salinas, a água do mar é colocada em grandes tanques rasos. Depois de um tempo, a água evapora, ou seja, se transforma em vapor de água. O vapor de água é invisível e se mistura com o ar.

Jazida de sal-gema na salina de Maras, em Cuzco, no Peru, em 2015.

Com o passar do tempo, os tanques da salina vão ficando secos, sem água, e o sal que estava misturado à água fica depositado no fundo desses tanques. Daí é recolhido, processado e comercializado.

Hoje em dia, usamos o sal principalmente para temperar os alimentos. Mas, há muito tempo, ele tinha também outra função: era usado na conservação dos alimentos em uma época em que as geladeiras ainda não existiam!

Converse com os colegas: Alguém conhece um alimento que ainda é preservado com sal?

1 Nesta página e na anterior são apresentadas fotografias que mostram o processo de fabricação de sal nas salinas. Numere as legendas na ordem correspondente às etapas da produção do sal.

◄ Elementos representados em tamanhos não proporcionais entre si.

A água do mar é represada em tanques expostos ao vento e ao sol. Com o passar dos dias, parte da água evapora. A solução fica concentrada, e o sal pode ser recolhido.

O sal é levado para esteiras, onde é lavado.

Em tanques rasos, chamados de cristalizadores, trabalhadores recolhem os cristais de sal que começam a se formar.

O sal bruto é curado e seco em pilhas.

Escavadeiras tiram o sal da pilha e levam-no para navios ou caminhões, que o transportam para ser refinado e depois comercializado.

Uma crosta de mais ou menos 20 centímetros de sal cristalizado é recolhida por uma máquina.

2 O relatório a seguir descreve uma maneira de obter sal a partir da água salgada. Analise-o com atenção e, depois, complete as frases.

Relatório 1

Problema investigado: Como obter sal a partir da água salgada?

O que fizemos: Simulamos uma salina. Para isso, deixamos uma tigela contendo _____ exposta ao _____.

O que observamos: Verificamos que o nível de água _____ e apareceram manchas brancas: eram _____.

No final, constatamos que não havia mais _____ na tigela; havia somente _____.

O que concluímos: _____

3 Ajude a completar os esquemas que os alunos começaram a fazer para colocar em seus relatórios.

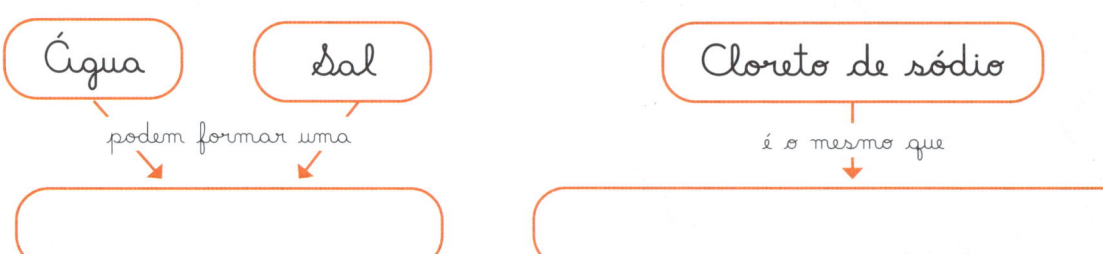

Água   Sal

podem formar uma

_____

Cloreto de sódio

é o mesmo que

_____

4 O relatório a seguir descreve outra maneira de obter sal a partir de água salgada, diferente da descrita no **Relatório 1**. Após analisá-lo, complete as frases.

Relatório 2

Problema investigado: Como obter sal a partir da água salgada?

O que fizemos: Com a ajuda do professor, nós aquecemos, uma mistura de _____ que havia sido colocada em uma panela transparente. A panela onde estava a mistura foi deixada _____ .

Dotta2/Arquivo da editora

O que observamos: Poucos minutos depois do início da atividade, observamos que a água _____ . À medida que ia _____ , o volume de água na panela ia _____ . Após alguns minutos, verificamos que não havia mais _____ na panela, somente _____ .

O que concluímos: _____ o processo no qual a água vai se transformando em vapor de água. Assim, obtemos _____ .

5 Termine de completar os esquemas ao lado, que os alunos começaram a fazer para colocar em seus relatórios.

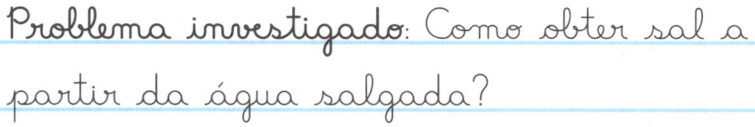

(Água)
pode se transformar em ↓
[_____]

(Vapor de água)
pode ser encontrado no ↓
[_____]

Renovável ou não, eis a questão

Vamos estudar como os recursos naturais têm sido utilizados pelo ser humano.

Você sabe como são feitos a **gasolina**, o **cimento** e o **tecido de algodão**?

Todos eles são feitos a partir de materiais encontrados na natureza. A gasolina, o óleo *diesel*, o asfalto e o plástico são obtidos do petróleo, que é processado em refinarias. O cimento é feito com argila, calcário e um pouco de gipsita; as fibras que envolvem a semente do algodoeiro formam o algodão, usado para fazer fios e tecidos.

O petróleo, o calcário, a argila, a gipsita e o algodão são exemplos de recursos naturais, ou seja, materiais da natureza que o ser humano utiliza. Alguns recursos naturais como a água, o sal, o barro, a madeira, o cobre, o minério de ferro e outros tantos exemplos são utilizados pelos seres humanos desde tempos remotos.

Existem **recursos naturais renováveis**. Um exemplo é o algodão. Depois de ser colhido em uma plantação, novos algodoeiros podem ser cultivados e, então, mais algodão poderá ser obtido.

Isso também acontece com a madeira, um recurso natural muito utilizado em construções, na fabricação de móveis, de brinquedos e de papel, por exemplo. A madeira é obtida de árvores. Se as árvores utilizadas na obtenção de madeira forem replantadas, a madeira não acabará.

Porém, nem sempre é assim: há também **recursos naturais não renováveis**. O petróleo é um bom exemplo. Quando todo o petróleo que existe for explorado, esse recurso natural acabará. O mesmo pode acontecer com vários recursos que existem em quantidade limitada no planeta, como o calcário, o minério de ferro e o carvão mineral.

Plataforma de extração de petróleo na baía de Guanabara (Rio de Janeiro), em 2013.

1 Com base na leitura do texto, complete as legendas das imagens abaixo.

Alguns tecidos são feitos de _____, um

recurso natural _____.

O cimento é feito a partir de _____ e

_____, que são recursos naturais

_____.

2 Ajude a completar também os esquemas que começaram a ser feitos.

Recurso natural não renovável

exemplos

Petróleo

é usado para obter, por exemplo,

Recurso natural renovável

exemplos

Madeira

pode ser usada para fazer, por exemplo,

3 Veja o mural produzido nesta e na página seguinte. Indique com números a sequência em que são produzidos o cimento, os tecidos de algodão e a gasolina.

Como obtemos o **cimento**?

A mistura de cimento, areia e água é a argamassa. Ela é muito usada em construções. Acrescentando pedra moída (a chamada brita) à argamassa, obtemos o concreto.

Nas usinas de cimento, uma mistura de argila e calcário é levada a fornos de alta temperatura (cerca de 1450 °C). Assim é formado o clínquer.

Ao clínquer é acrescida gipsita. Depois, tudo é moído até se obter um pó, que é o cimento. Este é embalado e distribuído para venda.

▶ Elementos representados em tamanhos não proporcionais entre si.

Como obtemos os **tecidos de algodão**?

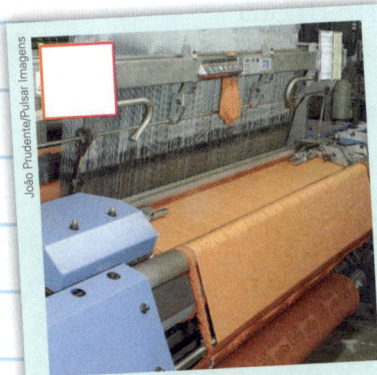

As fibras de algodão são fiadas. Assim são feitos os fios de algodão. Esses fios podem ser tingidos de diferentes cores.

Os fios de algodão são entrecruzados em máquinas chamadas teares. Assim é feito o tecido de algodão. Esse tecido pode ser cortado e costurado para fazer roupas.

O algodoeiro é um arbusto. De suas sementes são obtidas fibras brancas.

Como obtemos a **gasolina**?

Nas refinarias, o petróleo passa por um processo que permite obter a gasolina e vários outros produtos, como: óleo *diesel*, querosene, óleos lubrificantes, asfalto, plásticos, etc.

Em plataformas petrolíferas como essa, o petróleo é extraído de poços muito profundos.

O petróleo também pode ser transportado em oleodutos, como esses que aparecem na imagem.

O petróleo pode ser transportado dos poços em navios petroleiros.

> **Sugestão de...**
>
> **Vídeo**
>
> **De onde vem o plástico?**
> TV Escola. Disponível em: <https://tvescola.org.br/videos/de-onde-vem-de-onde-vem-o-plastico/>.
> Acesso em: dez. 2019.

Vamos ver de novo?

Neste capítulo você aprendeu que:

- O ser humano utiliza recursos naturais.

- O sal pode ser obtido a partir da água do mar e de jazidas de sal-gema.

- Nas salinas, o sal pode ser separado da água do mar.

- Os recursos naturais podem ser renováveis (como a madeira e o algodão) ou não renováveis (como o petróleo e o calcário).

- A partir de um recurso natural, o ser humano pode desenvolver diferentes materiais e embalagens. Por exemplo, o petróleo pode ser usado para fazer gasolina, óleo *diesel*, asfalto, plástico, etc.

RECURSOS NATURAIS

podem ser — **RECURSOS RENOVÁVEIS** — por exemplo — MADEIRA, ALGODÃO

são utilizados pelo — **SER HUMANO** — explora — SALINAS — é de onde se obtém — SAL

podem ser — **RECURSOS NÃO RENOVÁVEIS** — por exemplo — CALCÁRIO, PETRÓLEO, ARGILA

PETRÓLEO — pode ser usado para fazer, por exemplo, — PLÁSTICO, ASFALTO, GASOLINA

Alf Ribeiro/Shutterstock

Phillip Minnis/Shutterstock

Luciana Whitaker/Pulsar Imagens

Luciana Whitaker/Pulsar Imagens

Richard Fitzer/Shutterstock

Diyana Dimitrova/Shutterstock

Scisetti Alfio/Shutterstock

Antonio Azevedo/Pulsar Imagens

Edson Grandisoli/Pulsar Imagens

1 Complete a cruzadinha a seguir.

1. Nome dado ao sal obtido da exploração de jazidas em terra.
2. Depósitos naturais de substâncias que podem ser exploradas pelo ser humano.
3. Lugar onde se extrai sal da água do mar.
4. Nome dado ao sal extraído da água do mar.

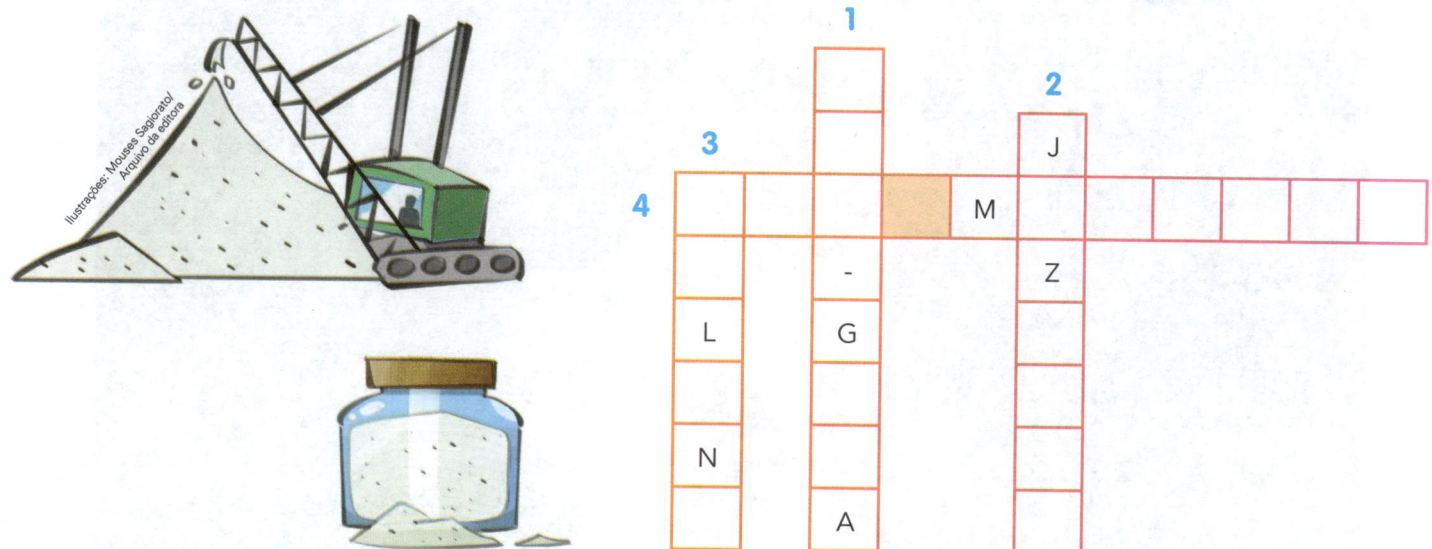

2 Reveja o que você estudou neste capítulo e faça duas listas: uma de recursos naturais renováveis e outra de recursos naturais não renováveis.

Em seguida, cite também pelo menos um exemplo de material ou objeto derivado desse recurso natural.

Recursos naturais renováveis | Recursos naturais não renováveis

8 Metais e ligas metálicas

Johannes Eisele/Agência France-Presse

O ginasta brasileiro Thiago Braz da Silva com sua medalha de ouro nas Olimpíadas do Rio de Janeiro, em 2016.

Como é possível moldar metais?

Para iniciar

Neste capítulo vamos estudar alguns tipos de metal. Aprenderemos de onde podem ser obtidos e como podem ser moldados.

- No caderno, faça uma lista de objetos feitos de metais que você usa no seu dia a dia.

- Você conhece diferentes tipos de metal? Faça mais uma lista citando o nome dos tipos de metal de que você já ouviu falar.

- Converse com os colegas: Como é possível moldar os metais para usá-los na fabricação de diferentes objetos?

Atividade prática

Vamos ver como é feito um objeto de um metal chamado estanho?

Como fazer

1. O estanho é um metal que pode ser encontrado em lojas de ferramentas ou materiais de construção, no formato de fio para **solda**.

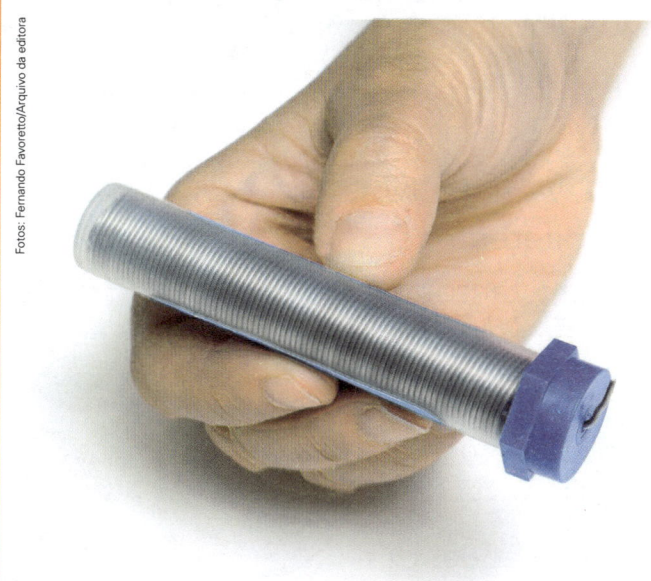

Fotos: Fernando Favoretto/Arquivo da editora

Atenção

Não tente reproduzir esta atividade sozinho. O ferro de solda deve ser manipulado por um adulto.

solda: material usado para unir peças metálicas.

2. O molde do objeto, neste caso um anel, é feito sobre uma placa de argila.

3. Um ferro de solda é usado para aquecer o estanho até que ele fique líquido e preencha o molde.

4. Após algum tempo, o estanho esfria e volta a ser sólido. O anel pode ser retirado do molde.

Os metais e a história da humanidade

Vamos ver de onde os metais podem ser extraídos e como têm sido usados na história da humanidade.

Elementos representados em tamanhos não proporcionais entre si.

Miniaturas de soldados de chumbo eram usadas como brinquedos no século XIX.

Você já reparou quantas coisas são feitas de metal ou têm partes de metal?

Além das medalhas e joias de ouro e prata e das soldas com estanho, olhe com atenção à sua volta: alumínio em bicicletas e canecas, tungstênio no **filamento** das lâmpadas, cobre nos fios elétricos, ferro nas ferramentas e nas estruturas das casas, diferentes ligas metálicas nas moedas, entre tantos outros objetos.

E isso não é algo recente. No antigo Egito, finas placas de cobre eram polidas e usadas como espelhos; na Roma antiga, o chumbo era usado nos encanamentos de distribuição de água. Um pouco mais recentemente na história, as máquinas das primeiras indústrias eram feitas de ferro.

Em geral, o uso de determinado metal tem a ver com algumas de suas características. Por exemplo:

- o alumínio é leve, resistente, maleável e facilmente reciclável, ideal para embalagens;
- o cobre é maleável e excelente condutor, ótimo para ser usado nos fios elétricos;
- o ouro é extremamente maleável e dúctil, por isso é muito usado desde tempos antigos para fazer diferentes objetos;
- o estanho se funde em temperaturas relativamente baixas, o que o torna ideal para ser usado em soldas.

As ferramentas, como a chave inglesa, são feitas geralmente de ferro, um metal resistente.

filamento: fio muito fino e longo.

As moedas brasileiras atuais são compostas de ligas metálicas.

Joias feitas de ouro, como anéis, são apreciadas pelo seu valor.

Assim também aprendo

1 Procure no diagrama o nome dos metais e objetos citados no texto da página anterior.

> Dica: no texto aparece o nome de oito tipos de metal.

A	Q	W	E	R	T	Y	U	C	O	L	H	E	R	C
L	A	F	E	R	R	O	S	D	F	G	S	I	C	H
U	Z	X	C	C	O	B	R	E	V	F	E	L	O	A
M	G	O	H	J	L	K	M	B	C	H	S	W	M	V
Í	T	U	O	P	B	V	C	E	H	N	T	K	O	E
N	P	R	A	T	A	K	O	R	U	E	A	N	E	L
I	U	O	L	M	Q	W	E	T	M	V	N	P	D	S
O	D	J	N	V	Q	U	E	L	B	T	H	R	A	U
T	U	N	G	S	T	Ê	N	I	O	A	O	D	L	M

2 Use o nome dos metais que você encontrou no diagrama para compor as legendas a seguir.

Elementos representados em tamanhos não proporcionais entre si.

sydeen/Shutterstock

revers/Shutterstock

_____

Editora Wolna/Shutterstock

graja/Shutterstock

_____

Dotta2/Arquivo da editora

_____

1. Um grupo de alunos começou a realizar pesquisas para descobrir de onde os metais são extraídos. Veja nesta página e na seguinte o que eles escreveram sobre isso. Dê um título para cada texto produzido por eles para o mural.

Na natureza encontramos a bauxita, o principal minério do qual se extrai o alumínio. Esse minério é primeiro lavado e triturado, depois é refinado, para dele se extrair o alumínio.

O alumínio é fornecido em lingotes ou chapas para as fábricas de latas, de panelas, de partes automotivas, de portas e janelas, etc.

Escavadeira trabalhando em mina de bauxita em Paragominas (Pará), 2012.

Lingotes de alumínio em uma usina, em Barcarena (Pará), 2016.

O alumínio de diferentes objetos pode ser reciclado. Latinhas de alumínio descartadas, por exemplo, podem ser recicladas, transformando-se em novas latinhas.

A reciclagem do alumínio é uma forma de obtenção desse metal muito mais barata do que a mineração e o refinamento da bauxita.

2. Com base na leitura do primeiro texto do mural, complete os esquemas abaixo.

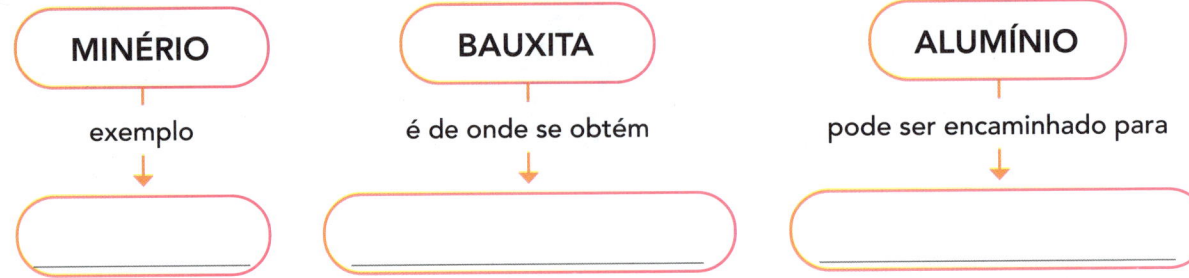

MINÉRIO	BAUXITA	ALUMÍNIO
exemplo	é de onde se obtém	pode ser encaminhado para
↓	↓	↓
_____	_____	_____

Que tal a turma se reunir para montar um mural dos metais? Pesquisem fotografias ou façam desenhos que representam diferentes tipos de metal e criem textos com informações sobre eles.

Podemos encontrar minérios em rochas da natureza. A hematita é um exemplo de minério do qual se obtém o ferro. O ferro é um metal utilizado pelo ser humano há muito tempo. Uma das formas mais antigas de moldar o ferro é forjá-lo: pedaços do metal aquecido são batidos até adquirirem o formato desejado.

Elementos representados em tamanhos não proporcionais entre si.

Jiri Vaclavek/Shutterstock

Hematita, um minério de ferro.

LValeriy/Shutterstock

Ferro sendo forjado para fabricar uma ferradura.

3 Com base na leitura do segundo texto do mural, complete os esquemas abaixo.

METAL

exemplo

MINÉRIO

exemplo

pode ser obtido da

Trabalhando metais

Vamos aprender como os metais podem ser moldados.

Você sabe como os metais podem ser moldados para fazer diferentes objetos? Provavelmente, o primeiro metal a ser trabalhado pelo ser humano foi o cobre. Acidentalmente, certas rochas que continham cobre foram aquecidas, fazendo com que o metal contido nelas se fundisse. Pouco tempo depois, enquanto a rocha esfriava, o metal ia se solidificando em uma forma diferente.

Leia a entrevista a seguir, com uma artista plástica que faz joias e bijuterias de metais, e aprenda um pouco mais sobre esse assunto.

Com a palavra...

... Jônia Guimarães, que utiliza várias técnicas para trabalhar metais e confeccionar joias e bijuterias.

Como você faz para trabalhar os metais?

A primeira etapa é preparar o metal. Para fazer uma peça de prata, por exemplo, é preciso misturar a prata com o cobre. Para isso, os dois metais devem ser aquecidos juntos.

Você usa algum equipamento especial?

Eu uso um **maçarico** e aqueço os dois metais até ficarem líquidos. Quando estão **líquidos**, a prata e o cobre se misturam. Essa mistura de metais é então despejada em uma forma. Quando esfria, a mistura fica **sólida** e pode ser retirada da fôrma.

E após essa etapa?

É chegada a hora de soldar as peças. Para isso, coloca-se a solda em volta das peças de metal que vão ser unidas e acende-se o maçarico.

O trabalho está terminado?

Ainda não. Esse é um momento que exige atenção, pois, se o aquecimento for muito intenso, tudo vai se fundir e o trabalho realizado estará perdido. Porém, como a solda se funde antes, eu apago o maçarico no instante exato. Depois de soldar, é preciso limar, lixar e polir a peça. Aí nossa ideia se concretiza: a peça está pronta.

maçarico: instrumento a gás que produz uma forte chama usada, por exemplo, para aquecer metais.

A soldagem de peças é um dos momentos mais delicados do trabalho do artista para fazer joias e bijuterias.

1. Veja a conversa das crianças a seguir. Qual das afirmações está correta? Explique sua resposta.

A água é a única substância que só existe no estado líquido.

Se a artista obteve um líquido, é porque misturou água ao metal com que trabalhava.

A artista fez o metal virar líquido. Um metal pode sofrer transformações reversíveis.

Ilustrações: Sidney Meireles/Arquivo da editora

2. Em uma folha avulsa crie uma tirinha contando, etapa por etapa, como os metais podem ser moldados. Depois, cole sua produção no Mural da turma com as demais tirinhas criadas pelos colegas. Veja abaixo um exemplo de tirinha.

Utilizando um maçarico, o metal é aquecido.

O metal aquecido muda para o estado líquido.

O metal líquido é...

Hagaquezart Estúdio/Arquivo da editora

3 Alguns alunos fizeram uma pesquisa sobre os materiais que são moldados para fazer as medalhas olímpicas: o ouro, a prata e o bronze! Veja como está ficando o mural preparado por eles.

OURO

Você sabe por que o ouro é considerado um metal precioso? Porque é difícil obtê-lo.

Gabriel de Paiva/Agência O Globo

O ouro usado na composição de joias e de outros objetos é misturado a outros materiais, como a prata e o bronze.

Em alguns garimpos, o ouro é extraído da seguinte maneira: o minério é triturado até virar areia e misturado com mercúrio, um metal em estado líquido.

Como o ouro se dissolve no mercúrio, ele acaba sendo extraído dessa areia. Por outro lado, cria-se um problema: o ouro fica misturado ao mercúrio. Para separar o ouro, a mistura é aquecida até que todo o mercúrio evapore.

R3M/Science Picture Library/Fotoarena

O ouro obtido ainda contém algumas impurezas, que são eliminadas pelo processo de refinamento.

O mercúrio é um metal tóxico e sua manipulação pode contaminar a água, o solo, os animais e os trabalhadores envolvidos na atividade.

À temperatura ambiente, o mercúrio apresenta-se no estado líquido.

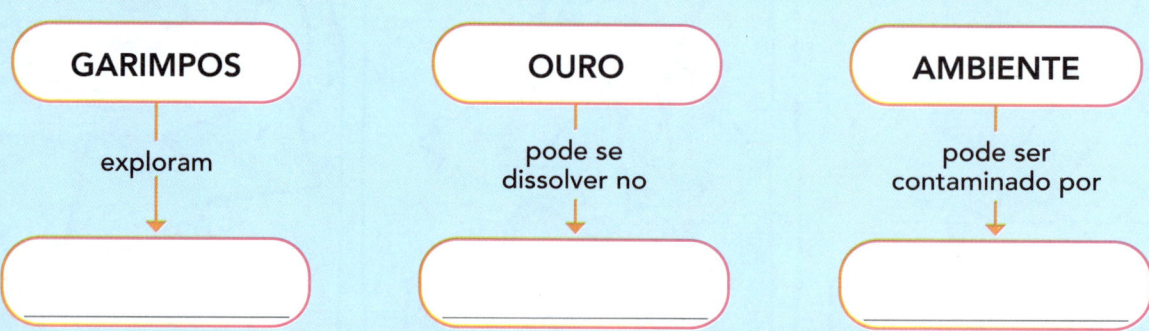

GARIMPOS	OURO	AMBIENTE
exploram	pode se dissolver no	pode ser contaminado por

4 Ajude os alunos a completar os esquemas desta página e os da anterior, que sintetizam informações obtidas nos textos apresentados no mural.

◀ Elementos representados em tamanhos não proporcionais entre si.

PRATA

Assim como o ouro, a prata também é misturada a outros materiais, como o cobre, para que fique mais resistente.

A galena é também chamada de minério de chumbo. Desse minério se obtém uma grande quantidade de chumbo e uma quantidade bem menor de prata. A prata é muito usada em materiais radiográficos e fotográficos. Ela também pode ser moldada para a produção de diferentes objetos, como joias, medalhas e moedas.

A galena é o minério de onde se extrai a prata.

BRONZE

O bronze é uma liga metálica. Ele é obtido de uma mistura de dois metais: o cobre e, geralmente, o estanho. Acredita-se que o bronze foi criado sem querer. Provavelmente, os metais cobre e estanho — presentes em uma rocha que podia estar sendo aquecida perto de uma fogueira — fundiram-se e misturaram-se. Quando a mistura se solidificou, observou-se o aparecimento de um material novo e resistente: o bronze.

O bronze é uma das ligas metálicas mais antigas que existem.

Estátuas de bronze antigas são comuns, já que essa liga metálica é bastante resistente.

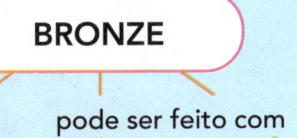

BRONZE

é uma   pode ser feito com

Vamos ver de novo?

Neste capítulo você aprendeu que:

- O ser humano tem utilizado metais desde épocas remotas da história.
- Diferentes metais podem ser utilizados para diferentes finalidades: estanho em soldas, ferro em construções, alumínio em latinhas, cobre nos fios elétricos, ouro e prata em medalhas e joias, etc.
- Metais podem ser obtidos de minérios encontrados na natureza.
- Alguns exemplos de minérios são a hematita, da qual se obtém o ferro; a bauxita, da qual se obtém o alumínio; a galena, da qual se obtêm o chumbo e a prata.
- Os metais podem mudar de estado físico e podem ser moldados pelo ser humano.
- O bronze é uma liga metálica feita de cobre e, geralmente, de estanho.

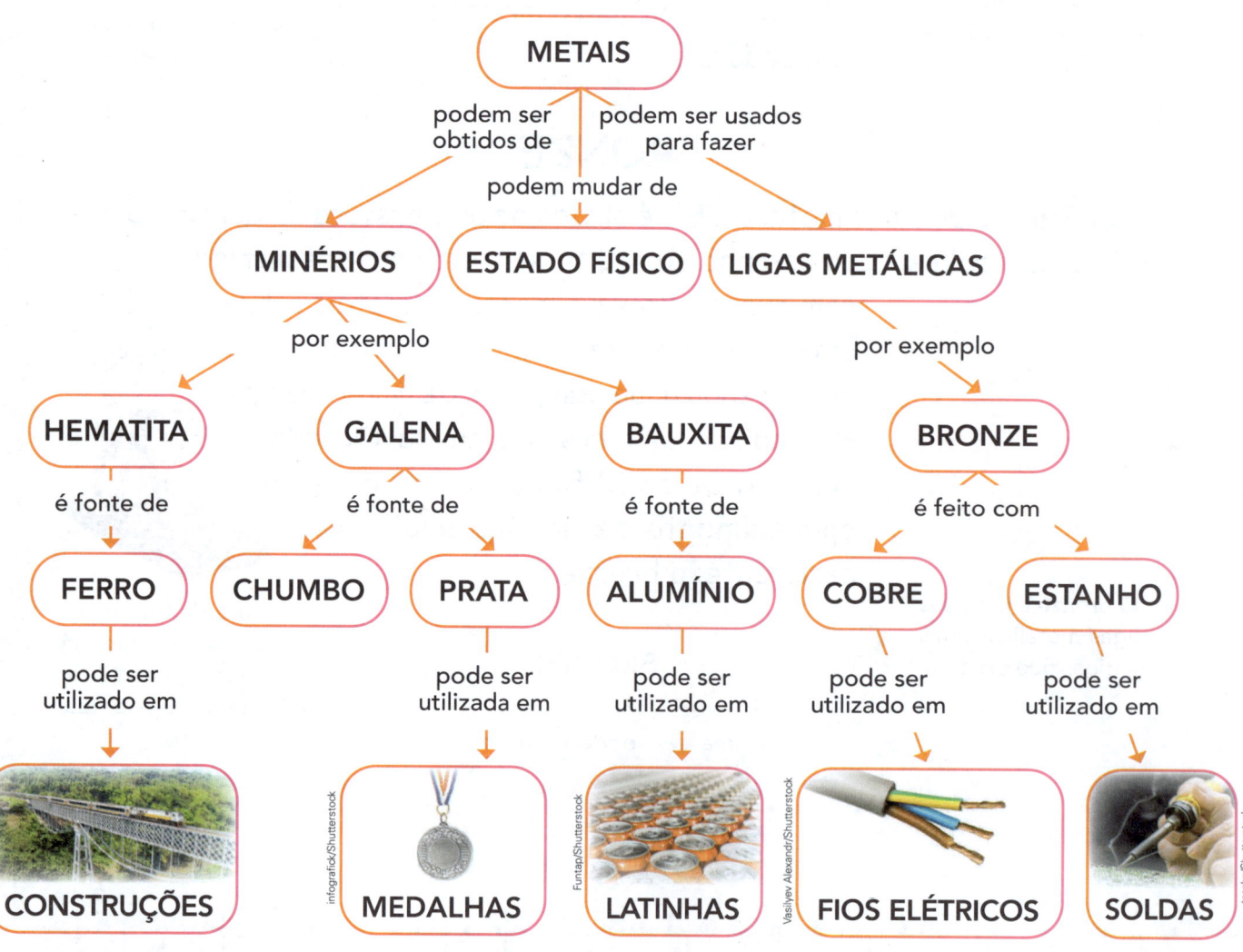

1. Termine de completar os itens da cruzadinha, citando minérios, metais e ligas metálicas estudados neste capítulo.

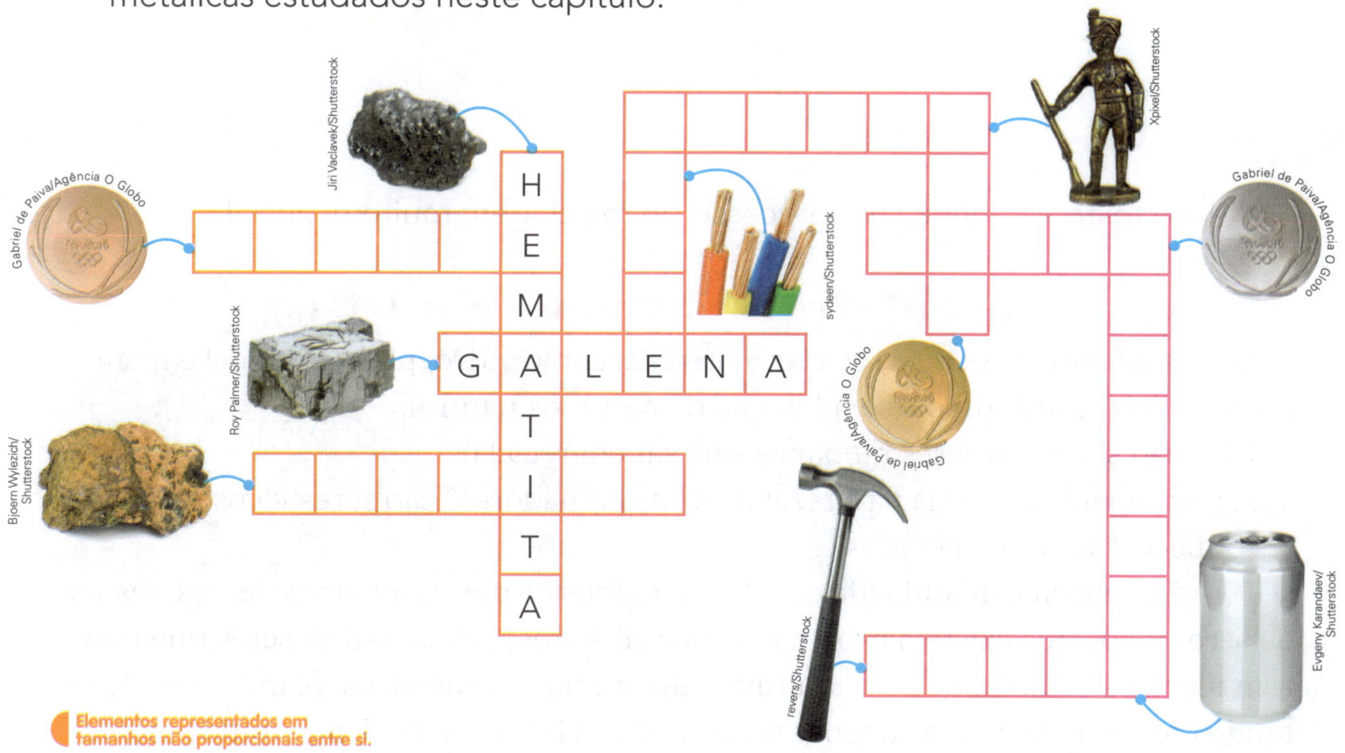

Elementos representados em tamanhos não proporcionais entre si.

2. Esclareça a dúvida da aluna.

> Os metais são muito duros! Como é possível moldá-los para fazer objetos de diferentes formatos?

_____

_____

_____

_____

3. Explique o fato noticiado na manchete de jornal. Procure deixar clara a relação entre o bronze e o cobre.

PREÇO DO COBRE DISPARA

As consequências foram imediatas, aumentando o preço do bronze

_____

_____

_____

Tecendo saberes

1 Leia o texto e conheça um processo de reciclagem muito especial.

Decompositores e reciclagem de materiais

Você sabia que podemos reciclar materiais, como vidro, plástico, papel e metal? Reciclando-os, reduzimos a exploração de recursos naturais.

Mas não são só os seres humanos que sabem reciclar.

A reciclagem ocorre na natureza! E os "trabalhadores" são seres vivos que você já conhece: fungos e bactérias!

Pense na enorme quantidade de folhas e galhos caídos, também de fezes e restos de seres vivos que existem espalhados por aí! Acrescente a isso os seres que morrem todos os dias: desde formiguinhas, até animais domésticos, plantas, etc. Juntando tudo isso daria uma imensa pilha de material orgânico. Uma grande montanha de "lixo" natural.

Graças aos fungos e bactérias todo esse material da natureza não é perdido. Ele é reciclado!

Fungos e bactérias podem ser considerados decompositores. Pela decomposição eles fazem uma espécie de "desmanche natural". O resultado é que os elementos materiais que faziam parte do corpo dos seres vivos ficam entre os componentes não vivos do ambiente. E ali permanecem disponíveis.

Aquilo que fungos e bactérias decompõem com dificuldade, ou que não decompõem, vai se acumulando no ambiente. Por isso é muito importante ficar atento, por exemplo, à quantidade de plástico que consumimos e que vai para o lixo. O ideal é que esse plástico seja reciclado por nós mesmos, seres humanos. Por isso também é importante preferir produtos biodegradáveis: aqueles que podem ser decompostos por fungos e bactérias.

Texto do autor.

> "REVER" significa ver novamente. "DESFAZER" significa desmontar, voltar atrás em relação a uma coisa que foi feita.

Giz de Cera/Arquivo da editora

2 As palavras abaixo foram retiradas do texto. Em cada uma delas, identifique o prefixo e, depois, explique o significado deles no caderno.

| Biodegradáveis | Reciclagem | Decompositores |

3 O que você acha que significa uma "reciclagem profissional"? Procure comparar o uso dessa expressão com o significado de reciclagem que você estudou nesta unidade.

- Complete os balões de fala: O que você imagina que cada um destes profissionais deva aprender em uma "reciclagem profissional"?

Ilustrações: Giz de Cera/Arquivo da editora

Sou professor e, na minha reciclagem, eu aprendi

_____
_____
_____
_____
_____
_____

Sou médica e, no curso de reciclagem que eu fiz, aprendi

_____
_____
_____
_____
_____
_____

Sou motorista e, na reciclagem profissional, eu aprendi

_____
_____
_____
_____
_____

4 Com os colegas, discuta a seguinte afirmação: "Ao reciclar, estamos simplesmente 'imitando' a natureza."

O que estudamos

Nesta unidade:

- Exploramos transformações reversíveis, irreversíveis e materiais sintetizados pelo ser humano.

- Vimos que o sal pode ser obtido a partir da água do mar.

- Estudamos os recursos naturais e diferenciamos os renováveis dos não renováveis.

- Aprendemos como os metais têm sido usados na história da humanidade.

Observe as imagens a seguir e relembre o que estudou. Depois, converse com os colegas e com o professor sobre o que você aprendeu nesta unidade que antes não sabia.

Você...

Registre suas ideias no caderno.

... analisou transformações e diferenciou as reversíveis daquelas irreversíveis.

... leu uma entrevista com uma química e conheceu materiais sintéticos.

... descobriu o que significam alguns símbolos que alertam para riscos, encontrados em rótulos de embalagens.

128

Tales Azzi/Pulsar Imagens

... aprendeu de onde podemos obter o sal.

... pesquisou de onde os metais podem ser obtidos e como têm sido usados pelo ser humano.

Xpixel/Shutterstock

... explorou como os metais podem mudar de estado físico e como são feitas as ligas metálicas.

Johannes Eisele/Agência France-Presse

Para refletir e conversar

Folheie as páginas anteriores e reflita sobre valores, atitudes e o que você sentiu e aprendeu nesta unidade.

- Você gostou de aprender quais são os símbolos usados em produtos corrosivos, tóxicos e inflamáveis? No seu dia a dia, qual é a importância de conhecê-los?

- Você já pensou em, no futuro, estudar Química mais a fundo? Qual é a sua opinião sobre os profissionais que atuam nessa área?

- O que você pensa e sente ao saber que muitos recursos não renováveis têm sido retirados da natureza?

- Depois de conhecer o trabalho da artista plástica entrevistada nesta unidade, você sentiu vontade de aprender a moldar metais? Que objetos você gostaria de fazer?

4 Invenções engenhosas

- Que invenções você identifica nesta imagem?
- Você sabe dizer a que são movidas estas invenções e qual é a melhor palavra para dizer o que produzem?
- Do lugar onde você está agora, sem o auxílio de uma bússola, você sabe dizer onde se localizam os pontos cardeais: norte, sul, leste e oeste?

9 Um mundo de invenções

inavanhateren/Shutterstock

Dronevlieger/Shutterstock

Elementos representados em tamanhos não proporcionais entre si.

 Como funcionam essas invenções?

Para iniciar

Neste capítulo vamos estudar invenções engenhosas: como funcionam e para que servem!

- Você já viu uma roda-d'água? Você sabe explicar como ela funciona?

- Em uma época em que não havia energia elétrica disponível, como há nos dias de hoje, de que maneira você acha que as máquinas funcionavam?

- Você sabe o que faz cada uma dessas invenções funcionar? E qual a melhor palavra para descrever o que produzem?

Atividade prática

Que tal construir uma máquina que funcione com água e consiga erguer uma pequena carga?

Como fazer

1. Com a ajuda de um adulto, corte o gargalo de uma garrafa PET. Use o plástico cortado para fazer seis pás para a sua roda-d'água.

3. Apoie o arame na outra parte da garrafa cortada. Em uma das extremidades do arame prenda, com fita adesiva, um barbante com a carga a ser erguida (pode ser uma borracha, por exemplo).

Fotos: Dotta2/Arquivo da editora

carga

4. Despeje a água sobre a rolha. O que acontece com a carga à medida que a roda-d'água gira?

Material

- Jarra com água
- Arame
- Barbante
- Estilete (para uso de um adulto)
- Fita adesiva
- Garrafa PET
- Rolha
- Tesoura com pontas arredondadas
- Objeto pequeno (como borracha e apontador)

Atenção

Não manuseie objetos cortantes ou perfurantes. Peça ajuda a um adulto para fazer a atividade.

2. Passe um pedaço de arame por dentro de uma rolha. Depois, peça a um adulto que faça pequenos cortes na rolha e fixe neles as pás de sua roda-d'água.

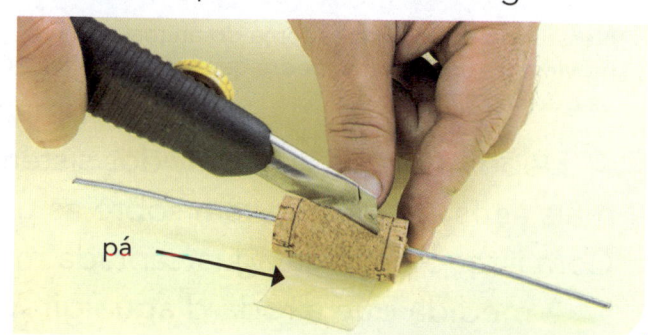

pá

Rodas-d'água e moinhos

Vamos analisar o mecanismo de funcionamento das rodas-d'água e dos moinhos.

Você já imaginou como era viver na época em que não havia gasolina, óleo *diesel* ou eletricidade? Pode ser difícil imaginar, mas existiam outros tipos de máquinas.

Os moinhos são um exemplo. Moinhos são máquinas para moer grãos. É moendo os grãos de trigo, por exemplo, que se obtém a farinha de trigo usada em nossa alimentação.

Nesse tipo de moinho, a força do animal movimenta uma grande pedra que tritura os grãos.

Antigamente, os moinhos eram movidos por fontes naturais de energia. Podia-se usar a força muscular de pessoas ou de outros animais para movimentar grandes pedras que amassavam e moíam os grãos. Mas também podia ser usado o vento, ou o movimento da água.

Os primeiros moinhos a água funcionavam com a força da correnteza de um rio ou riacho que movimentava as pás da parte de baixo de uma roda-d'água e a fazia girar.

Depois, foram desenvolvidos sistemas que captavam água em locais mais altos e a despejavam sobre as pás da parte de cima da roda-d'água. Com isso, o peso da água captada movimentava a roda para baixo.

À medida que a roda-d'água girava, fazia girar um conjunto de engrenagens acopladas a ela. Assim, o mecanismo do moinho propriamente dito girava, moendo os grãos e produzindo a farinha.

_____

_____

_____

_____

_____

1 Observe as imagens das rodas-d'água nesta página e na página anterior.

a) Escreva, na página anterior, uma legenda que explique o funcionamento de cada roda-d'água representada.

b) Desenhe setas indicando o sentido do movimento das rodas-d'água e das engrenagens representadas.

JeniFoto/Shutterstock

Elementos representados em tamanhos não proporcionais entre si.

2 Converse com os colegas sobre a dúvida desta criança.

Qual dos dois mecanismos, A ou B, faria um moinho girar mais rapidamente?

Nos moinhos representados, a engrenagem pequena é indicada com o número **1**, e a grande, com o número **2**.

Paulo Manzi/Arquivo da editora

Ilustrações: Sidney Meireles/Arquivo da editora

Ilustrações: Mouses Sagiorato/Arquivo da editora

3 Desenhe duas engrenagens e monte os dois mecanismos mostrados na **atividade 2**: Com qual deles um moinho giraria mais rapidamente?

1. Em folhas de papel-cartão, faça o desenho de uma engrenagem pequena e de uma grande. Depois, recorte os desenhos.

2. Atravesse um lápis no centro de cada engrenagem de papel-cartão para simular um eixo, prendendo-o bem ao papel.

3. Com um colega, movimente as engrenagens de papel-cartão e simule as diferentes situações mostradas na atividade anterior: Com qual combinação de engrenagens o moinho gira mais rapidamente?

4 Alguns alunos tentaram fazer mecanismos para moinhos e rodas-d'água. Ajude a terminar os relatórios desta página e da próxima que eles começaram a produzir.

Relatório das atividades com mecanismos para moinhos

Problema: Como fazer um moinho girar mais rapidamente?

O que fizemos: Construímos um modelo do sistema de engrenagens de um moinho utilizando

.

O que observamos: Quando giramos uma volta da engrenagem menor, observamos que,

.

Quando invertemos as posições e giramos uma volta da engrenagem maior, observamos que,

.

O que concluímos: O tamanho das engrenagens é

.

Relatório das atividades com a roda-d'água

Problema: Como fazer uma máquina movida a água?

O que fizemos: Construímos uma roda-d'água usando

Ilustrações: Hagaquezart Estúdio/ Arquivo da editora

O que observamos: Com a força do movimento da água, a roda-d'água

Despejando água de uma altura próxima à roda-d'água, observamos que ela

Despejando água de uma altura maior, observamos que a roda-d'água

O que concluímos: Podemos fazer máquinas que

Máquinas e energia

Vamos comparar algumas máquinas e as transformações que elas realizam.

Você sabe dizer algo que é comum a máquinas antigas e a máquinas atuais?

Para responder a essa pergunta, vamos analisar uma invenção que usamos nos dias de hoje e que já existia no passado com uma tecnologia diferente: o ferro de passar roupas.

Observe ao lado a imagem de um ferro de passar roupas antigo. Dentro dele havia um compartimento para colocar carvão em brasa, que o esquentava.

Diferentemente dos ferros de passar antigos, os ferros de passar modernos possuem várias partes plásticas e funcionam a energia elétrica.

carvão em brasa

marinaks/Shutterstock

Nos ferros a carvão, muitas vezes as brasas acabavam sujando as roupas com cinzas.

Mas, apesar de tantas diferenças, há algo em comum entre o ferro de passar roupas antigo e o atual. Você sabe o que é?

Ambos realizam uma "transformação" ou "transferência". O ferro de passar antigo possibilitava a transferência da energia proveniente da brasa aquecida para a chapa de ferro. O ferro de passar moderno, em vez de brasa, consome energia elétrica e libera o calor que faz com que as roupas desamassem.

vetkit/Shutterstock

Os ferros elétricos estão entre os eletrodomésticos que mais consomem energia elétrica.

Portanto, antigas ou atuais, as máquinas transformam ou transferem o que é indispensável para as coisas acontecerem: a energia. Nada pode se mover, viver ou trabalhar sem energia. Seja a energia elétrica, a energia do movimento do vento ou da água, a energia proveniente da queima dos combustíveis, seja a energia que se manifesta como luz, como som, etc.

1 Observe as imagens e complete as fichas que começaram a ser feitas para comparar versões antigas e atuais de algumas invenções. ◖ **Elementos representados em tamanhos não proporcionais entre si.**

Máquina de costura

Antiga

Millenius/Shutterstock

Atual

Mariana Sampaio/Acervo da fotógrafa

Como funcionava:

Como funciona:

Relógio

Antigo

bane.m/Shutterstock

Atual

Edu Oliveros/Shutterstock

Como funcionava:

Como funciona:

2 Observe, nesta página e na página seguinte, as imagens de diferentes invenções que os alunos fixaram no mural.

Elementos representados em tamanhos não proporcionais entre si.

A Fedor Selivanov/Shutterstock

B GeorgeM/Photography/Shutterstock

C Anton Prado PHOTO/Shutterstock

D Sergey Goryachev/Shutterstock

E Adisa/Shutterstock

F Marco Prati/Shutterstock

G OZaiachin/Shutterstock

H Alexey Boldin/Shutterstock

I Aleksandr Petrunovskyi/Shutterstock

J MVelishchuk/Shutterstock

K Africa Studio/Shutterstock

3 Termine de preencher os quadros que começaram a ser feitos pelos alunos, indicando o tipo de energia necessária para cada invenção funcionar.

Elementos representados em tamanhos não proporcionais entre si.

Forma de energia necessária para funcionar		
Elétrica	Combustível: gás/gasolina/diesel	Movimento
_____	_____	_____
_____	_____	_____

Fenômeno produzido			
Calor	Movimento	Luz	Som
E; _____	A; D; _____	_____	_____
_____	_____	_____	_____

Consumo de energia elétrica

Vamos analisar o consumo de energia elétrica de uma residência.

Imagine que você chegou em casa e encontrou a televisão ligada e as luzes acesas sem necessidade. Se fosse uma situação real, o que você faria?

Veja no quadro abaixo algumas dicas e sugestões para você e sua família economizarem energia elétrica.

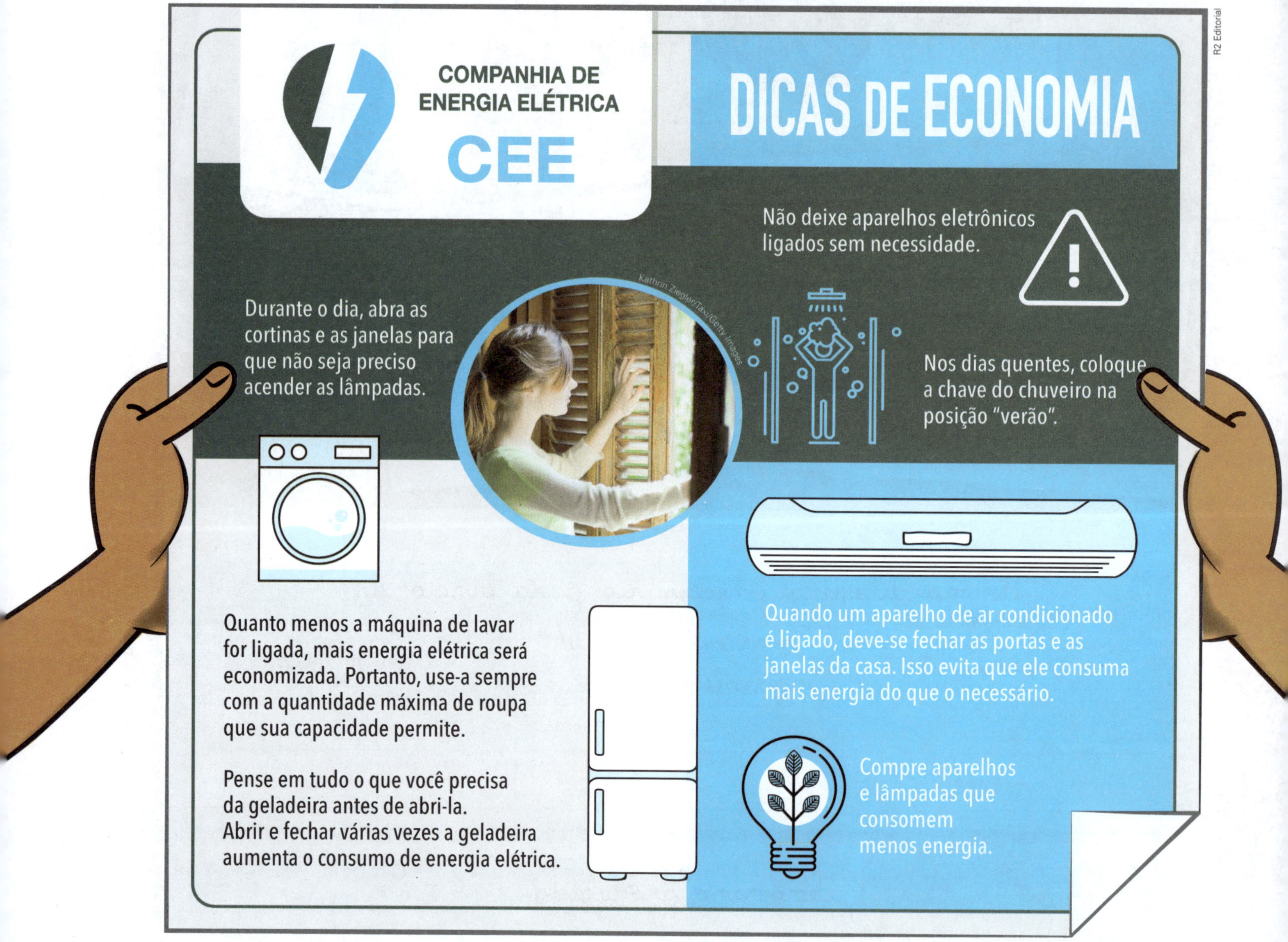
COMPANHIA DE ENERGIA ELÉTRICA
CEE
DICAS DE ECONOMIA
Não deixe aparelhos eletrônicos ligados sem necessidade.
Durante o dia, abra as cortinas e as janelas para que não seja preciso acender as lâmpadas.
Kathrin Ziegler/Taxi/Getty Images
Nos dias quentes, coloque a chave do chuveiro na posição "verão".
Quanto menos a máquina de lavar for ligada, mais energia elétrica será economizada. Portanto, use-a sempre com a quantidade máxima de roupa que sua capacidade permite.
Pense em tudo o que você precisa da geladeira antes de abri-la. Abrir e fechar várias vezes a geladeira aumenta o consumo de energia elétrica.
Quando um aparelho de ar condicionado é ligado, deve-se fechar as portas e as janelas da casa. Isso evita que ele consuma mais energia do que o necessário.
Compre aparelhos e lâmpadas que consomem menos energia.

R2 Editorial

Faça isso e acompanhe os resultados na conta de energia elétrica da sua casa. Se o valor da conta diminuir, é sinal de que estava havendo desperdício de energia elétrica, sem que você e os demais moradores percebessem.

1 Observe as cenas a seguir. Troque ideias com os colegas e marque com um **X** as situações nas quais vocês acham que há desperdício de energia elétrica.

Ilustrações: Hagaquezart Estúdio/Arquivo da editora

2 Analise com os colegas a conta de energia elétrica de uma residência nesta página e na seguinte.

Dados pessoais

Data de vencimento da conta

kWh:
símbolo de quilowatt-hora, unidade de medida de energia.

Valor dos impostos

Mês e ano aos quais a conta se refere

Fornecimento: consumo energético em **kWh** vezes o preço de 1 kWh

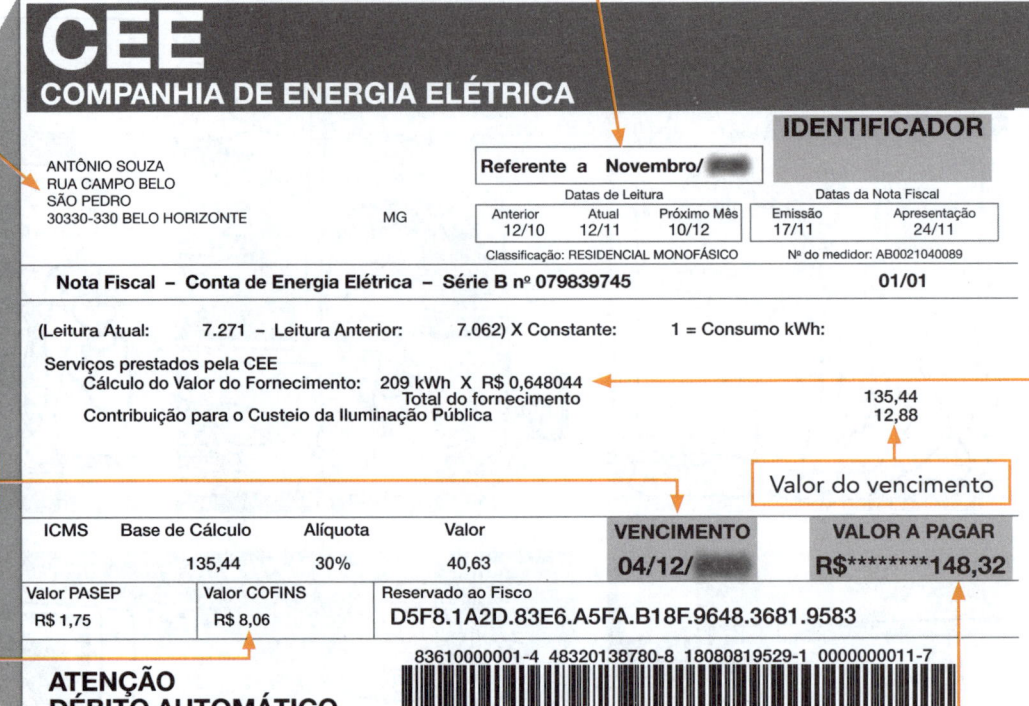

CEE
COMPANHIA DE ENERGIA ELÉTRICA

IDENTIFICADOR

ANTÔNIO SOUZA
RUA CAMPO BELO
SÃO PEDRO
30330-330 BELO HORIZONTE   MG

Referente a   Novembro/

Datas de Leitura

Anterior	Atual	Próximo Mês
12/10	12/11	10/12

Datas da Nota Fiscal

Emissão	Apresentação
17/11	24/11

Classificação: RESIDENCIAL MONOFÁSICO   Nº do medidor: AB0021040089

Nota Fiscal – Conta de Energia Elétrica – Série B nº 079839745   01/01

(Leitura Atual: 7.271 – Leitura Anterior: 7.062) X Constante: 1 = Consumo kWh:

Serviços prestados pela CEE
Cálculo do Valor do Fornecimento: 209 kWh X R$ 0,648044
Total do fornecimento   135,44
Contribuição para o Custeio da Iluminação Pública   12,88

Valor do vencimento

ICMS	Base de Cálculo	Alíquota	Valor	VENCIMENTO	VALOR A PAGAR
	135,44	30%	40,63	04/12/	R$********148,32

Valor PASEP	Valor COFINS	Reservado ao Fisco
R$ 1,75	R$ 8,06	D5F8.1A2D.83E6.A5FA.B18F.9648.3681.9583

83610000001-4 48320138780-8 18080819529-1 0000000011-7

**ATENÇÃO
DÉBITO AUTOMÁTICO**

Valor a pagar

3 Observe a tabela abaixo, que indica o consumo de energia elétrica de duas residências ao longo de seis meses. Depois, responda às questões.

		Mês					
		Set.	Out.	Nov.	Dez.	Jan.	Fev.
Residência 1	Consumo (kWh)	118	133	142	148	157	169
Residência 2	Consumo (kWh)	155	148	145	141	135	129

a) Na residência **1**, em qual mês o consumo foi maior? E em qual foi menor?

b) Na residência **2**, em qual mês o consumo foi maior? E em qual foi menor?

c) Em qual das residências o consumo está aumentando? E em qual delas está diminuindo ou mantendo-se constante?

4 As crianças estão analisando a conta de energia elétrica mostrada nesta página e na página anterior. Com qual criança você concorda? Converse com os colegas.

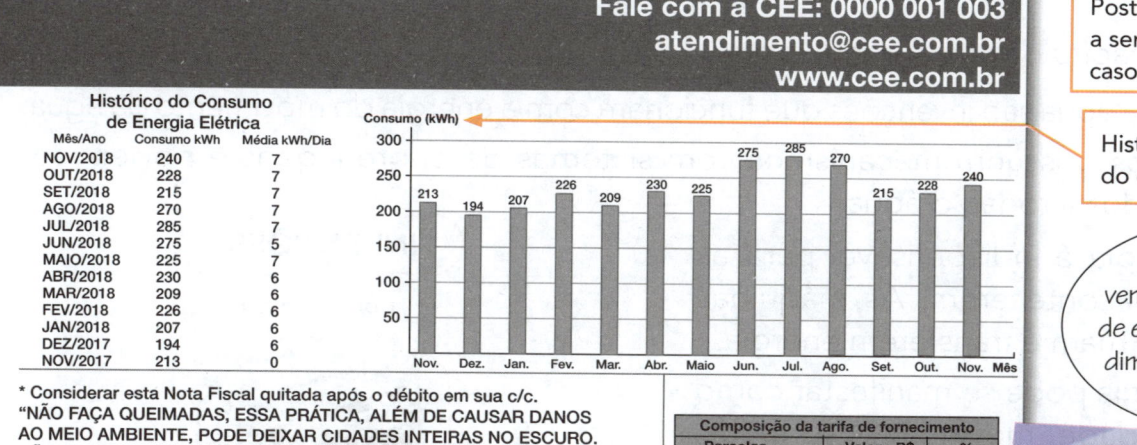

Fale com a CEE: 0000 001 003
atendimento@cee.com.br
www.cee.com.br

Posto de atendimento a ser procurado em caso de problema

Histórico e gráfico do consumo

Histórico do Consumo de Energia Elétrica

Mês/Ano	Consumo kWh	Média kWh/Dia
NOV/2018	240	7
OUT/2018	228	7
SET/2018	215	7
AGO/2018	270	7
JUL/2018	285	7
JUN/2018	275	5
MAIO/2018	225	7
ABR/2018	230	6
MAR/2018	209	6
FEV/2018	226	6
JAN/2018	207	6
DEZ/2017	194	6
NOV/2017	213	0

Consumo (kWh) — valores do gráfico: Nov. 213, Dez. 194, Jan. 207, Fev. 226, Mar. 209, Abr. 230, Maio 225, Jun. 275, Jul. 285, Ago. 270, Set. 215, Out. 228, Nov. 240

* Considerar esta Nota Fiscal quitada após o débito em sua c/c.
"NÃO FAÇA QUEIMADAS, ESSA PRÁTICA, ALÉM DE CAUSAR DANOS AO MEIO AMBIENTE, PODE DEIXAR CIDADES INTEIRAS NO ESCURO. NÃO JOGUE PONTAS DE CIGARRO NA BEIRA DE ESTRADAS. QUEIMADA É CRIME."
"SOLTE PAPAGAIOS LONGE DA REDE ELÉTRICA E NUNCA USE CEROL."

Composição da tarifa de fornecimento		
Parcelas	Valor - R$	%
Energia	27,70	20,45
Distribuição	45,87	33,87
Transmissão	3,73	2,75
Encargos setoriais	7,70	5,69
Tributos	50,44	37,24
Total	135,44	100,00

Nesta conta, vemos que o consumo de energia elétrica tem diminuído nos últimos meses.

O consumo de energia elétrica foi mais alto em julho.

Mouses Sagiorato/Arquivo da editora

5 Troque ideias com os colegas e escreva um comentário para cada um dos gráficos abaixo. Eles representam o consumo de energia elétrica indicado nas contas de duas residências.

Residência A

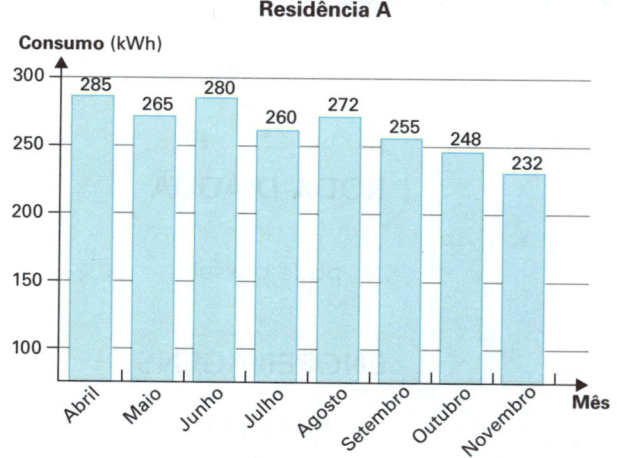

Consumo (kWh) — Abril 285, Maio 265, Junho 280, Julho 260, Agosto 272, Setembro 255, Outubro 248, Novembro 232

Residência B

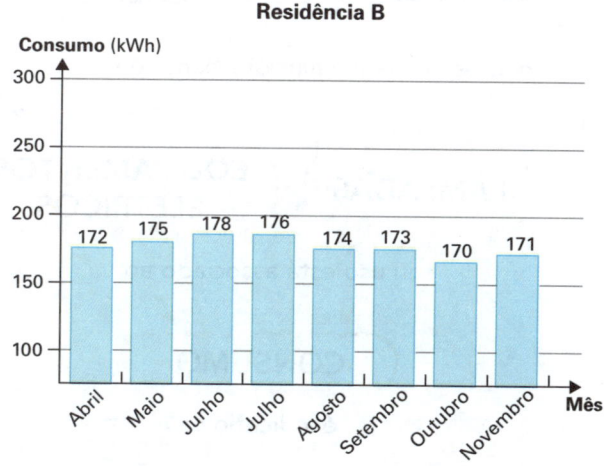

Consumo (kWh) — Abril 172, Maio 175, Junho 178, Julho 176, Agosto 174, Setembro 173, Outubro 170, Novembro 171

_____

_____

_____

Vamos ver de novo?

Neste capítulo você aprendeu que:

- Rodas-d'água são invenções que funcionam com a energia do movimento da água.
- Moinhos possuem mecanismos com sistemas de engrenagens e podem ser acoplados a rodas-d'água.
- A energia é indispensável para as coisas acontecerem. As máquinas transformam e transferem energia.
- A energia pode se manifestar como eletricidade, movimento, som, luz, calor, entre outras formas.
- Devemos evitar o desperdício de energia elétrica.
- Por meio da conta de energia elétrica, podemos avaliar o consumo de energia em nossa casa.

INVENÇÕES

por exemplo

MÁQUINAS

transformam e transferem

ENERGIA

pode se manifestar como

ELETRICIDADE — **CALOR** — **SOM** — **LUZ** — **MOVIMENTO**

necessária para o funcionamento de

LÂMPADAS — **EQUIPAMENTOS ELÉTRICOS**

seu uso está associado ao

CONSUMO

é indicado na

CONTA DE ENERGIA ELÉTRICA

faz girar

RODA-D'ÁGUA

pode possuir

ENGRENAGENS

fazem girar

MOINHOS

1 Observe a imagem do moinho.

a) Indique com setas o sentido de movimento das engrenagens representadas.

b) Responda: Para o moinho girar mais rapidamente, qual deve ser o tamanho da segunda engrenagem, em relação ao tamanho da primeira, que está conectada diretamente às pás do moinho?

_____

_____

_____

2 No caderno, preencha o quadro que começou a ser feito para analisar algumas invenções que podem existir na cozinha de uma casa. Depois, contorne na imagem os sete elementos que estão contribuindo para aumentar o gasto de energia.

Invenção	Forma de energia usada	Palavra que descreve o que produz
Rádio	Eletricidade	Som

10 Invenções para nos orientarmos: no tempo e no espaço

Foto: NsdPower/Shutterstock

Ilustração: Hagaquezart Estúdio/Arquivo da editora

 Que invenções essas crianças estão utilizando?

 ## Para iniciar

Neste capítulo vamos analisar o movimento de corpos celestes e explorar algumas invenções que nos ajudam a localizar os pontos cardeais.

- Explique tudo o que você sabe sobre os relógios de sol e como funcionam.

- Como você pode fazer para localizar a direção leste-oeste? E a direção norte-sul?

- Quais eventos astronômicos servem de referência para desenvolver um calendário?

Atividade prática

> **Que tal fazermos um relógio de sol? Assim poderemos saber as horas mesmo sem um relógio comum!**

Como fazer

1. Prepare os materiais. Coloque uma embalagem de iogurte vazia de cabeça para baixo sobre uma folha de papel em branco.

Material

- Caneta hidrográfica
- Embalagem de iogurte vazia e lavada
- Folha branca de papel sulfite
- Vareta de madeira com cerca de 20 cm

Fotos: Paulo Manzi/Arquivo da editora

2. Com a ajuda de um adulto, faça um orifício na base da embalagem. Passe uma vareta pelo orifício até que ela toque a folha de papel. A vareta servirá de haste do relógio.

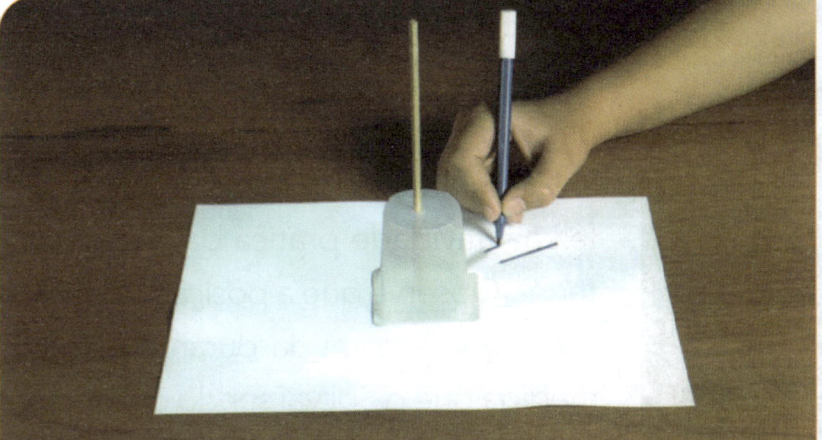

3. Deixe a montagem em um local ensolarado. De hora em hora desenhe na folha de papel a sombra projetada da vareta.

> Agora é só usar o seu relógio. Será que ele funciona durante as 24 horas do dia?

Relógios de sol e calendários

Que invenções você pode usar para medir o tempo?

Elementos representados em tamanhos não proporcionais entre si.

Desde épocas remotas, os seres humanos criam invenções para medir o tempo. Algumas dessas invenções são baseadas nos corpos celestes.

Observe o céu e veja você mesmo:

- Durante o dia, vemos o Sol ocupando diferentes posições no céu, à medida que o tempo passa. Nas primeiras horas do dia, nós o vemos mais a leste e, no fim da tarde, mais a oeste. Assim, observando a mudança de posição das sombras causada pela luz solar, podemos ter uma ideia das horas.

- Em certas épocas do mês, você pode ver a Lua com determinado aspecto no céu. Aproximadamente a cada mês você poderá ver a Lua no céu com o mesmo aspecto que ela aparecia um mês antes.

Usando eventos regulares, como a sucessão dos dias e noites e das fases da Lua, os seres humanos criaram os calendários.

Os calendários são invenções engenhosas que nos ajudam a nos orientar em relação ao tempo.

Engenhosos também são os relógios de sol. Para fazer um relógio de sol simples basta fixar uma vareta em um local que receba boa iluminação solar durante o dia todo, como você fez na atividade prática da página anterior. Observe que a posição das sombras da vareta muda durante o dia, à medida que o Sol vai sendo observado em diferentes posições no céu.

1 Observe estas imagens, registradas em diferentes horários.

9 h

12 h

Fotos: Ricardo Moreira/Fotoarena. Obra de José Resende. Escultura em aço, 1998. Parque do Ibirapuera, São Paulo.

a) Agora, indique ao lado o provável horário em que foi tirada a última foto.

_____

b) Descreva o que aconteceu com a sombra da escultura no decorrer do dia.

_____

_____

_____

_____

2 Troque ideias com os colegas: Que eventos astronômicos regulares são evidenciados na folhinha do calendário ao lado?

○ Cheia
☽ Ming.
● Nova
☾ Cresc.

Hagaquezarr Estúdio/Arquivo da editora

Março

DOM	SEG	TER	QUA	QUI	SEX	SÁB
				○ 1	2	3
4	5	6	7	8	☽ 9	10
11	12	13	14	15	16	● 17
18	19	20	21	22	23	☾ 24
25	26	27	28	29	PAIXÃO DE CRISTO 30	31

Sol, sombras e pontos cardeais

Vamos localizar os pontos cardeais com base na análise de sombras.

Imagine que você está em uma área ensolarada e consegue ver bem o céu. Saberia dizer para que lado é o norte? E para que lado é o oeste?

Para resolver esse problema, uma estratégia é fincar no chão uma vara, que chamamos de gnômon. Acompanhe a explicação.

Vemos o Sol nascer em um lado do céu (que chamamos de lado leste) e se pôr do lado oposto (que chamamos de lado oeste). Além disso, você já deve ter reparado que as sombras dos corpos iluminados pelo Sol são sempre projetadas do lado contrário àquele em que o Sol se encontra.

Assim, se pela manhã vemos o Sol nascer do lado leste, as sombras ficarão do lado oposto: o oeste. E, se no final da tarde vemos o Sol se pôr do lado oeste, as sombras projetadas estarão do lado oposto: o leste.

Portanto, utilizando uma simples vara – o gnômon – e observando as mudanças na posição de sua sombra durante o dia, poderemos inferir para que lado é o leste e de que lado fica o oeste. A direção norte-sul será sempre perpendicular à direção leste-oeste.

Acredita-se que o gnômon seja o instrumento astronômico mais antigo criado pelo ser humano.

1 Para aprender a utilizar o gnômon, faça com os colegas a atividade a seguir.

a) Em um local aberto, fixem o gnômon perpendicularmente ao solo. Desenhem a sombra projetada em um horário da manhã. Por exemplo, às 10 horas.

Em que horário ocorre a menor sombra do dia?

b) Fixem um barbante na base do gnômon. Estiquem a ponta até o final do desenho da sombra. Segurando um giz nessa ponta, deem uma volta em torno do gnômon traçando uma circunferência.

c) À tarde, quando a sombra do gnômon alcançar novamente a circunferência traçada no chão, desenhem-na nessa posição. Nesse momento, ela terá o mesmo tamanho da sombra da manhã. Façam uma reta azul unindo as pontas das sombras. Essa é a direção leste-oeste.

d) Marquem um ponto na metade da reta azul. Façam outra reta, agora em vermelho, unindo o ponto marcado e a base do gnômon: essa é a direção norte-sul.

e) De frente para o gnômon, estendam os braços: se o direito apontar para o lado em que o Sol nasceu, este indicará o lado leste, e o esquerdo apontará para o lado oeste. À sua frente estará o norte e atrás, o sul.

Ilustrações: Hagaquezart Estúdio/Arquivo da editora

2 As crianças das imagens a seguir também fizeram a atividade do gnômon. Esclareça as dúvidas que elas tiveram ao observar outros desenhos de sombras feitos no chão.

Situação A

_____

_____

_____

_____

Situação B

_____

_____

_____

_____

3 Após utilizar um gnômon, as crianças compararam o que fizeram com as observações de uma bússola que a professora trouxe. E se surpreenderam! Veja o que aconteceu, troque ideias com os colegas e participe do debate: O que você diria nessa situação?

_____

_____

_____

_____

_____

Bússola

Vamos conhecer melhor uma invenção para nos orientarmos espacialmente.

Você sabe como eram as primeiras bússolas? E para que serviam?

Elas eram nada mais do que um pedaço de rocha ligado a uma linha. Mas não uma rocha qualquer! Era usada uma rocha chamada magnetita. Pendurava-se um pedaço de magnetita por uma linha e, assim que parasse de girar, descobria-se a direção norte-sul!

Isso acontece porque a magnetita é uma espécie de ímã natural e, como todo ímã:

- atrai materiais ferromagnéticos, e atrai e repele outros ímãs;
- quando pendurada livremente, se alinha com a direção norte-sul.

Dotta2/Arquivo da editora

A magnetita é um ímã natural.

Elementos representados em tamanhos não proporcionais entre si.

canbedone/Shutterstock

A agulha da bússola aponta para o norte magnético.

Assim, hoje em dia, para fazer as agulhas das bússolas se usa um ímã. E no passado? Usava-se a magnetita suspensa.

Mas sempre que você for usar uma bússola, preste atenção: o norte-sul indicado por ela (o norte-sul magnético) não corresponde exatamente ao norte-sul geográfico, que você pode inferir usando o gnômon, como vimos nas páginas anteriores.

Fotos: Dotta2/Arquivo da editora

1 Crie uma legenda para a imagem 2 e outra para a imagem 3. Cite o nome da rocha e explique o que é mostrado.

▸ _____
_____
_____
_____

▸ _____
_____
_____
_____

2 Observe as imagens das crianças usando bússolas. Associe cada imagem com a provável direção que as crianças apontam.

norte

sul

leste

oeste

Ilustrações: Hagaquezart Estúdio/Arquivo da editora

Vamos ver de novo?

Neste capítulo você aprendeu que:

- Calendários podem se basear em eventos regulares, como a sucessão de dias e noites e de fases da Lua.

- Durante o dia vemos o Sol ocupar diferentes posições no céu.

- Relógios de sol se baseiam na mudança de posição das sombras causada pela iluminação solar.

- Utilizando um gnômon podemos localizar os pontos cardeais.

- O norte indicado por uma bússola é diferente do norte indicado pela análise das sombras de um gnômon.

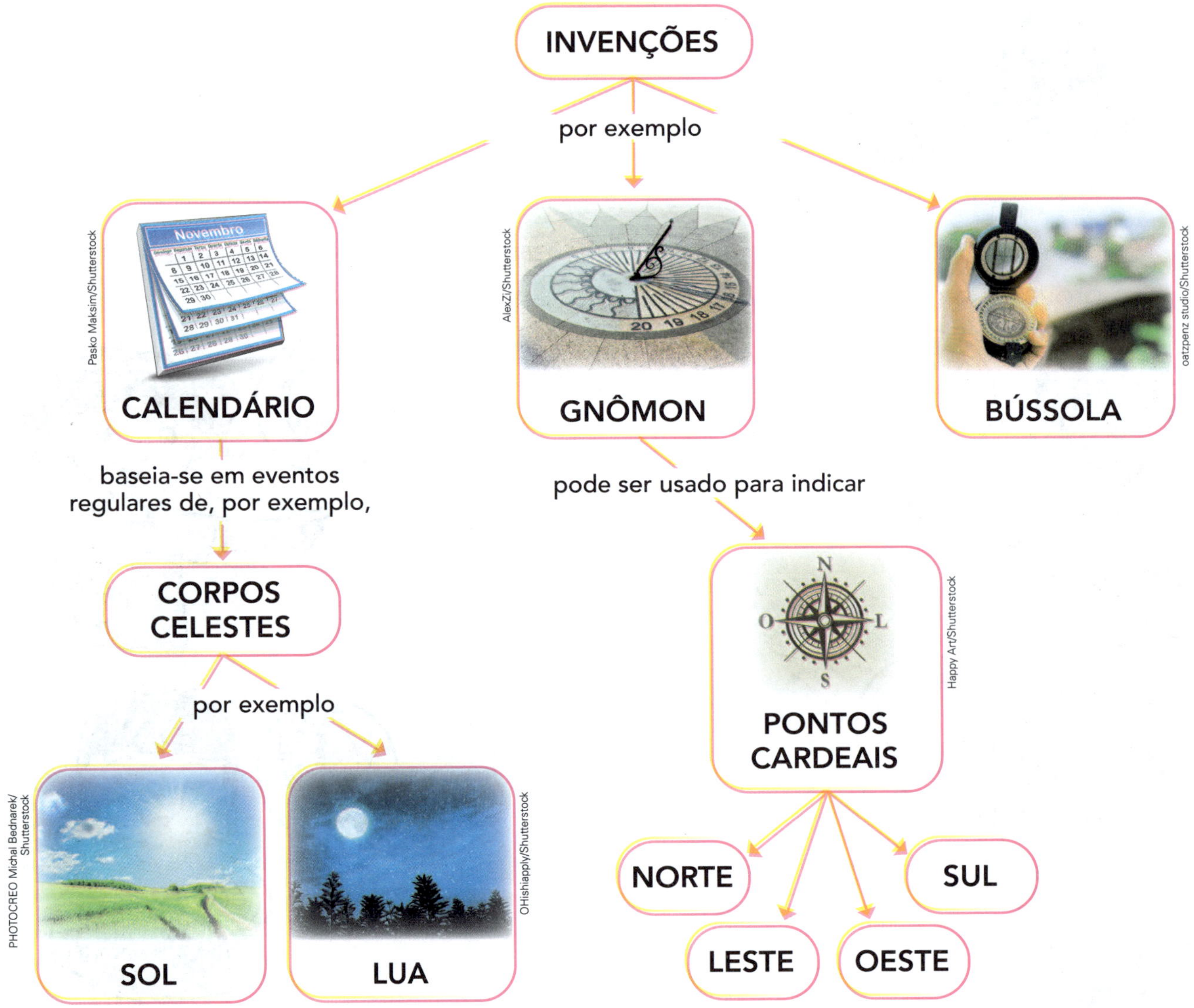

INVENÇÕES

por exemplo

CALENDÁRIO

Pasko Maksim/Shutterstock

GNÔMON

AlexZi/Shutterstock

BÚSSOLA

oatzpenz studio/Shutterstock

baseia-se em eventos regulares de, por exemplo,

pode ser usado para indicar

CORPOS CELESTES

por exemplo

SOL

PHOTOCREO Michal Bednarek/Shutterstock

LUA

OHishiapply/Shutterstock

PONTOS CARDEAIS

Happy Art/Shutterstock

NORTE

SUL

LESTE

OESTE

1 Observe abaixo a sombra do poste e a posição do Sol: Qual das três ilustrações está correta? Justifique a sua resposta.

Ilustrações: Hagaquezart Estúdio/Arquivo da editora

No caderno, desenhe as ilustrações incorretas, corrigindo a posição do Sol.

2 Analise a fala das crianças: Você concorda com o que elas dizem ou não? Explique sua resposta no caderno.

Ao longo do dia, a posição do Sol no céu muda.

As sombras de um objeto parado podem aparecer em diferentes posições porque elas estão vivas e movimentando-se por conta própria.

Hagaquezart Estúdio/ Arquivo da editora

3 Observe as imagens. Analise atentamente a posição das sombras e troque ideias com os colegas: Com qual(is) criança(s) você concorda? De qual(is) você discorda?

O lado onde está a sombra é o lado oeste.

NsdPower/Shutterstock

Ao meio-dia, a sombra de um gnômon indica aproximadamente a direção norte-sul.

Ilustrações: Hagaquezart Estúdio/Arquivo da editora

O lado onde está a sombra é o lado leste.

Tecendo saberes

1 Leia o texto e saiba mais sobre uma invenção que estudamos nesta unidade.

Invenções para acompanhar a passagem do tempo

Você já parou para pensar em quantas coisas usamos de maneira tão automática que nem nos damos conta de que elas um dia tiveram de ser inventadas?

Os calendários são um exemplo.

Para inventar um calendário é preciso se basear em eventos que sejam regulares, que se repitam. Pense no movimento da Lua e do Sol no céu, por exemplo.

A mudança do aspecto da Lua no céu é um exemplo de evento periódico. A cada 29,5 dias, aproximadamente, uma mesma fase da Lua se repete no céu. Esse ciclo dá origem ao **mês lunar**.

Podemos dizer que o nascer e o pôr do Sol são outro exemplo de evento repetitivo. A sucessão de manhãs, tardes e noites, de forma regular e constante, é o que determina o intervalo de tempo que chamamos de **dia**.

Finalmente, a posição do Sol no céu também nos dá uma ideia do período de tempo que chamamos de **ano**. Isso fica evidente quando observamos, sempre no mesmo horário, a sombra de uma vara. Há meses em que o Sol, ao meio-dia, por exemplo, está mais baixo no céu, e a sombra está mais alongada. Então, a cada dia, o Sol, nesse mesmo horário, começa a ficar em posições mais altas no céu, e a sombra, mais curta. Daí o ciclo se repete de maneira continuada, aproximadamente a cada 365 dias e seis horas.

Ilustrações: Hagaquezart Estúdio/ Arquivo da editora

Na história da humanidade, diferentes culturas se deram conta da regularidade do movimento desses astros no céu. E a partir daí criaram seus calendários.

Na cultura cristã o calendário é ditado pelo ciclo do Sol. Já no islamismo, o calendário se baseia no ciclo da Lua. O calendário judaico combina os ciclos do Sol e da Lua.

2 No texto da página anterior, localize e sublinhe os trechos usados para dizer que os movimentos do Sol e da Lua são regulares.

3 Resolva as charadas matemáticas.

Se um dia tem 24 horas, e se cada ano, em termos astronômicos, tem 365 dias e seis horas, o que deverá acontecer em nosso calendário a cada quatro períodos de 365 dias?

Quantos dias terá um ano composto de 12 meses lunares? Haverá diferença em relação ao ano no calendário solar (de 365 dias)?

Ilustrações: Léo Fanelli/Arquivo da editora

4 Com a ajuda do professor, termine de preencher o quadro abaixo, indicando alguns aspectos das culturas cristã, islâmica e judaica. Comece usando as dicas a seguir para ajudá-lo.

Com os colegas, faça pesquisas para conhecer melhor essas diferentes culturas.

	Cristã	Islâmica	Judaica
Ciclo que determina o calendário	Solar	Lunar	Solar e lunar
Ano atual pelo calendário			
Quantidade de dias em um ano			
Dia de descanso na semana			

O que estudamos

Nesta unidade:

- Aprendemos que as máquinas são invenções que consomem e transformam energia e verificamos a quantidade de aparelhos movidos a energia elétrica que usamos no dia a dia.

- Avaliamos o consumo de energia elétrica em uma residência.

- Exploramos os calendários e maneiras de medir o tempo.

- Conhecemos o funcionamento de um gnômon e comparamos o seu uso com o de uma bússola para localizar pontos cardeais.

Observe as imagens a seguir e relembre o que estudou. Depois, converse com os colegas e com o professor sobre o que você aprendeu nesta unidade que antes não sabia.

Você...

Registre suas ideias no caderno.

... analisou o mecanismo das rodas-d'água e dos moinhos.

... comparou o funcionamento de algumas máquinas e as transformações que podem realizar.

CEE
COMPANHIA DE ENERGIA ELÉTRICA

... analisou o consumo de energia elétrica de uma residência.

Cate Frost/Shutterstock

... localizou pontos cardeais com base nas sombras de um gnômon.

... explorou o movimento de corpos celestes com o passar das horas e analisou calendários.

... manipulou bússolas.

Para refletir e conversar

Folheie as páginas anteriores e reflita sobre valores, atitudes e o que você sentiu e aprendeu nesta unidade.

- Você já sentiu vontade de desligar todos os aparelhos elétricos de casa por algum tempo? O que mudaria no seu dia?

- Você se admirou com o uso de invenções simples e engenhosas para inferir a direção, como a bússola e o gnômon? Você já se sente capaz e tem o desejo de usá-las?

- Qual é a sua sensação ao comparar invenções antigas e atuais? Você percebe a engenhosidade de invenções de diferentes épocas?

- Considerando tudo o que você estudou em Ciências durante este ano, que fatos você ficou com vontade de investigar e explorar mais a fundo?

GLOSSÁRIO

A

Adutoras `página 74`

`página 74`

As imagens não estão representadas em proporção.

Conjunto das instalações que conduzem as águas de um manancial para um reservatório.

Uma falha na adutora pode causar a falta de abastecimento de água em uma cidade.

Rubens Chaves/Pulsar Imagens

Tubulação de adutora em área rural.

B

Brânquia `página 38`

`página 38`

Órgão respiratório de alguns animais aquáticos.

É pelas brânquias que o oxigênio existente na água é absorvido pelos peixes.

purplequeue/Shutterstock

Na fotografia, as brânquias são as estruturas de cor avermelhada.

C

Canaletas para o escoamento `página 54`

`página 54`

Construções, geralmente feitas de concreto, destinadas a encaminhar as águas (da chuva ou do esgoto) para outro local.

As canaletas para escoamento precisam estar sempre limpas para não reter a água em caso de enxurrada.

Clínquer `página 110`

`página 110`

Produto obtido pelo aquecimento de argila e calcário em fornos de alta temperatura.

O clínquer é usado para se fazer o cimento.

Coliformes fecais `página 61`

`página 61`

Nome dado a vários tipos de bactéria encontrados nas fezes de diferentes seres vivos, incluindo o ser humano.

A presença de coliformes fecais na água, acima de um nível considerado aceitável, indica que houve contaminação por esgoto.

D

Desova `página 28`

`página 28`

Postura de ovos. A palavra é usada sobretudo para peixes, tartarugas e outros animais que depositam grande quantidade de ovos.

Para a desova, uma tartaruga marinha cava um buraco na areia da praia, à noite. Depois da desova, ela cobre os ovos e volta para o mar.

Tartaruga-verde desovando na praia, à noite.

Erosão página 54

Remoção e transporte de materiais da superfície terrestre.

A água pode promover a erosão do solo.

Esquistossomose página 62

Doença provocada por vermes, que podem estar presentes na água infectada.

A esquistossomose causa no ser humano complicações intestinais e problemas no fígado.

Estação de tratamento (de água) página 74

Instalação em que a água proveniente de mananciais recebe tratamento para tornar--se adequada ao consumo pelas pessoas.

Nas estações de tratamento, a água recebe cloro, que mata microrganismos, e flúor, que ajuda a prevenir as cáries.

As imagens não estão representadas em proporção.

Gestação página 39

O mesmo que gravidez.

A gestação do ser humano dura em torno de 9 meses, enquanto a do peixe-boi leva entre 13 e 14 meses.

Gipsita página 108

Mineral rico em cálcio.

A gipsita é usada tanto para fazer o gesso como no processo de fabricação do cimento.

Gipsita.

Infectologista página 62

Médico ou médica especialista em doenças infecciosas.

Hepatite, malária e sarampo são algumas doenças estudadas pelos infectologistas.

Inodora página 61

O que não tem odor, cheiro.

A água e alguns gases, como o metano e o hélio, são inodoros.

Jazidas página 104

Depósitos naturais de carvão, petróleo, gás natural, minérios, etc.

O solo do Brasil é rico em jazidas de minério de ferro e de manganês.

Mina de ferro em Carajás (PA), 2014.

Lençol freático (página 61)

Reservatório natural de água encontrado abaixo do solo que pode, em alguns pontos, aflorar na superfície.

Os lençóis freáticos podem ser contaminados por poluentes provenientes principalmente do solo, como fertilizantes químicos e pesticidas utilizados na agricultura.

Liga metálica (página 116)

Junção de dois ou mais metais.

As moedas brasileiras atuais são feitas de ligas metálicas, como o aço inoxidável, que é a liga de ferro e cromo.

Lingotes (página 118)

Barras de metal.

Lingotes.

Os lingotes de alumínio são muito utilizados pelas fábricas na produção de latas, panelas, portas, janelas, etc.

Migração (página 14)

Movimento de uma população de um lugar para outro, geralmente em busca de melhores condições de vida.

Os seres humanos podem migrar, por exemplo, de um país para outro. Já alguns peixes, como o curimbatá, podem migrar em direção à nascente de um rio em determinadas épocas do ano.

Minério (página 108)

Rocha ou parte de uma, que contém um mineral que pode ser explorado por ter valor econômico.

Alguns exemplos de minérios são bauxita e hematita.

Muros de arrimo (página 54)

Muros construídos para sustentar um volume de terra ou a encosta de um morro.

Os muros de arrimo geralmente são construídos em locais onde há risco de desabamentos.

Muro de arrimo em região serrana.

Pontos cardeais (página 131)

Pontos de referência que podem ser usados para nos localizarmos.

Norte, sul, leste e oeste são os quatro principais pontos cardeais.

Presa (página 15)

O que os animais caçam para se alimentar.

Sapos e ratos são presas de cobras.

Preservação (página 24)

Ato de conservar qualquer ambiente ou material que já exista, como uma área de floresta ou uma pintura.

Ações preservacionistas são atitudes que podemos ter para conservar o meio ambiente.

Solução (página 105)

Tipo de mistura de substâncias.

Uma mistura de água e sal é uma solução, pois quando juntamos essas substâncias não conseguimos distingui-las pela visão.

Vibrião colérico (página 65)

Ser vivo microscópico, causador da cólera.

O vibrião colérico pode viver até duas semanas na superfície de frutas, legumes e verduras cruas e em alimentos congelados.

Dennis Kunkel Microscopy/Science Photo Library

Microscopia eletrônica de varredura de vibriões coléricos (colorida artificialmente). Ampliação de 15 000 vezes.

BIBLIOGRAFIA

ACOT, P. *História da Ecologia*. Rio de Janeiro: Campus, 1990.

ALIBERT-KOURAGUINE, D.; GORDE, M. *As grandes invenções: respostas a pequenas curiosidades*. São Paulo: Scipione, 1997.

ALVES, M. R.; KARA, N. J. *O olho e a visão: o que podemos fazer pela saúde ocular de nossas crianças*. Petrópolis: Vozes, 1996.

AMABIS, J. M.; MARTHO, G. R. *Investigando o corpo humano*. São Paulo: Scipione, 2004.

BARRETO, E. S. S. (Org.). *Os currículos do Ensino Fundamental para as escolas brasileiras*. 2. ed. Campinas: Autores Associados, 1998.

BARROSO, C.; BRUSCHINI, C. *Sexo e juventude: como discutir a sexualidade em casa e na escola*. 7. ed. São Paulo: Cortez, 2000.

BENLLOCH, M. *Por un aprendizaje constructivista de las Ciencias*. Madrid: Visor Distribuciones, 1984.

BERNA, V. *Como fazer educação ambiental*. São Paulo: Paulus, 2001. (Coleção Pedagogia e Educação).

BRANCO, S. M. *O meio ambiente em debate*. 3. ed. São Paulo: Moderna, 2004. (Coleção Polêmica).

BRASIL. Ministério da Educação. Secretaria de Educação Fundamental. *Base Nacional Comum Curricular (BNCC) – Ciências da Natureza*. Brasília, 2017.

_____. Ministério da Educação. Secretaria de Educação Fundamental. *Parâmetros Curriculares Nacionais: primeiro e segundo ciclos do Ensino Fundamental: Ciências Naturais*. Brasília, 1996.

_____. *Parâmetros Curriculares Nacionais: terceiro e quarto ciclos do Ensino Fundamental: Ciências Naturais*. Brasília, 1997.

CAMPOS, M. C. C.; NIGRO, R. G. *Didática de Ciências: o ensino-aprendizagem como investigação*. São Paulo: FTD, 2004.

CARVALHO, A. M. P. et al. *Ciências no Ensino Fundamental: o conhecimento físico*. São Paulo: Scipione, 1998.

_____; GIL-PÉRES, D. *Formação de professores de Ciências: tendências e inovações*. 10. ed. São Paulo: Cortez, 2011. v. 26. (Coleção Questões da Nossa Época).

CAVALCANTI, C. (Org.). *Desenvolvimento e natureza: estudos para uma sociedade sustentável*. 3. ed. São Paulo: Cortez, 2001.

CAVALCANTI, Z. (Coord.). *Trabalhando com História e Ciências na Pré-Escola*. Porto Alegre: Artmed, 1995.

COLEÇÃO As Origens do Saber da Natureza. São Paulo: Melhoramentos, 1994.

COLEÇÃO Aventura Visual. Rio de Janeiro: Globo, 1990.

COLEÇÃO Ciência Divertida. São Paulo: Melhoramentos, 1999.

COLEÇÃO Ciência e Natureza. Rio de Janeiro: Time Life--Abril Livros, 1995.

COLEÇÃO Enciclopédia da Vida Selvagem Larousse. Barcelona: Altaya, 1997.

COLEÇÃO Guia Prático de Ciências. Rio de Janeiro: Globo, 1994.

COLEÇÃO Jovem Cientista. Rio de Janeiro: Globo, 1996.

COLEÇÃO Mundo Incrível. Rio de Janeiro: Globo, 1998.

COLEÇÃO Projeto Ciência. São Paulo: Atual, 2016.

COLEÇÃO Tesouros da Terra: Minerais e pedras preciosas. Rio de Janeiro: Globo, 1996.

COLL, C.; TEBEROSKY, A. *Aprendendo Ciências: conteúdos essenciais para o Ensino Fundamental de 1ª a 4ª série*. São Paulo: Ática, 2002.

CORSON, W. H. *Manual global de Ecologia*. São Paulo: Augustus, 1996.

DELIZOICOV, D.; ANGOTTI, J. A.; PERNAMBUCO, M. M. *Ensino de Ciências: fundamentos e métodos*. São Paulo: Cortez, 2002. (Coleção Docência em Formação).

DIAS, G. F. *Atividades interdisciplinares de educação ambiental*. 2. ed. São Paulo: Global, 2006.

GUIMARÃES, I. *Educação sexual na escola: mito e realidade*. Campinas: Mercado das Letras, 1995.

HERMAN, M. L. et al. *Orientando a criança para amar a Terra*. 2. ed. São Paulo: Augustus, 2002.

KOHL, M. A. F.; POTTER, J. *Descobrindo a Ciência pela Arte: propostas de experiências*. Porto Alegre: Artmed, 2003.

KRASILCHIK, M. *Prática de ensino de Biologia*. 4. ed. São Paulo: Edusp, 2004.

LEPSCH, I. F. *Solos: formação e conservação*. 2. ed. São Paulo: Melhoramentos, 2010.

MASSARANI, L. (Org.). *O pequeno cientista amador: a divulgação científica e o público infantil*. Rio de Janeiro: Casa da Ciência/UFRJ/Museu da Vida/Fiocruz/Vieira & Lent, 2005.

NOVAK, J. D.; GOWIN, D. B. *Aprendiendo a aprender*. Barcelona: Martínez Roca, 1988.

PARKER, S. *Química simples*. São Paulo: Melhoramentos, 1998.

PARQUES Nacionais do Brasil. 2. ed. São Paulo: Empresa das Artes, 2003. (Guias Philips).

PIQUÉ, M. P. R.; BRITO, J. F. *Atlas escolar de Botânica*. São Paulo: Ícone, 1996.

RONAN, C. A. *História ilustrada da Ciência*. Rio de Janeiro: Jorge Zahar, 1987.

THE EARTHWORKS GROUPS. *50 coisas simples que você pode fazer para salvar a Terra*. Rio de Janeiro: José Olympio, 2002.

VYGOTSKY, L. S. *Pensamento e linguagem*. São Paulo: Martins Fontes, 1987.

WALDMAN, M.; SCHNEIDER, D. *Guia ecológico doméstico*. São Paulo: Contexto, 2003.

WEISSMANN, H. (Org.). *Didática de Ciências Naturais: contribuições e reflexões*. Porto Alegre: Artmed, 1998.